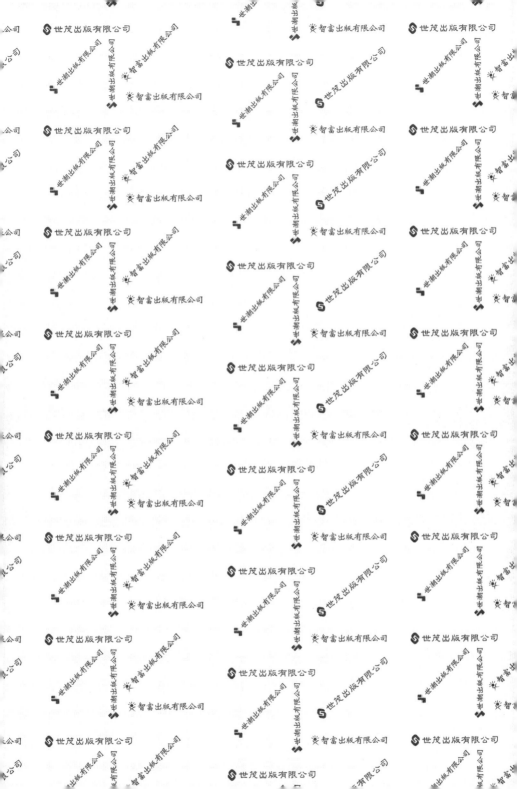

世界第一簡單
CPU

澀谷道雄◎著

衛宮紘◎譯

國立台灣大學電機系教授　闕志達◎審訂

前言

一九五〇年代網路開始普及後，IT技術逐漸受人重視，而IT技術的核心就是稱為CPU（中央運算處理單元）的半導體零件。邁入二十一世紀，電路設計技術與製造技術的躍進，使CPU得以高速化、小型化，廣泛應用於生活週遭的電器產品，例如電腦、智慧型手機、平板裝置，此外，冷氣、冰箱、洗衣機等白色家電[1]也都運用了CPU。

電腦等裝置的CPU具有多功能，但本書將不解說過於艱深的概念，因此本書不介紹近年的研究主流之一——電腦構成（Computer Architecture）。

然而，不論科技如何進步，只要掌握CPU的原理、初期CPU的基礎概念，即可瞭解CPU是什麼，以及程式的運作。舉例來說，我們已習慣以汽車代步，但幾乎沒有人能夠說明為什麼汽車可以移動，也就是說，很少人知道引擎的運作原理與動力傳導機制。據說一九五〇年代的駕照考試會出關於引擎構造的題目，但這種考題早已不列入出題範圍。由此可知，現在想瞭解引擎構造等相關知識的人，好奇心真的很旺盛。

同樣的，我認為，學習現在已完全融入我們生活中的CPU的運作原理，不只可以滿足好奇心，也可訓練思考，因此本書想向讀者介紹CPU。

本書得以出版，必須感謝將內容改編成有趣故事的office sawa澤田佐和子小姐，以及作畫的十凪高志先生，感謝他們的大力協助。

澀谷道雄

---

1 家電界把傳統家電分為三類：替人類做家務的白色家電、提供娛樂的黑色家電，以及輸出功率小的小家電。

目 錄

第 1 章 CPU的功用
1

（補充）

第 2 章 數位運算
35

第3章 CPU的構造

第4章 運算指令

第**5**章 程式

第 6 章　微控器

補充

尾聲

作者介紹

第 1 章

CPU 的功用

對，沒有錯……我真的很強！

應該是我身邊的人太弱，真無聊……

ap ap

打擾了。

啊！好的。

沒問題！

妳現在方便與我對弈嗎？

這樣啊……那麼……

YOU LOSE

這……
怎麼可能。

我竟然輸給
這種傢伙。

這種？

這種腦袋和性格都糟糕的傢伙，
竟然贏了腦袋與性格都優秀的我！

是喔——妳的
性格還真好……

啊……
等一下。

並不是你和我對
弈，我只輸了電
腦遊戲而已。

也就是說，
我沒有輸給
你！

你這卑鄙小人！
笨蛋、白痴、窩囊廢，
有膽你就親自參賽啊！

妳真是不認輸呀，
桂城步美！

沒錯，
打敗妳的不是我，
而是電腦。

即使如此，
「妳的腦袋
不如電腦
的腦袋——CPU」
仍是……

不爭的事實！

至於……靈活運用
CPU 的天才程式設計師
——狩野悠，也就是我本
人，則與電腦一樣……

不，是
更加厲害。

咦……

CPU……

9

好吧，我詳細地說明吧。

首先，「電腦」這個名詞源自於 Compute（計算）。

電腦一開始只是一種**計算機**，相當於電子計算機。

計算我也會啊！我很擅長心算！

ㄏㄏ
ハナハ！

哇！妳真拚命，但答案是八十一。

的確，人類也會計算……

但計算極大的數字，使用計算機絕對比較快吧？

嗯……沒錯，你是說**電腦**，

嗯……

在速度上，有壓倒性的優勢。

沒錯，而且現代的電腦……

不只有計算機的功能！

11

近年來，我們已落實「資訊數位化」，亦即，音樂、照片、影像等資訊都化成數值，以 0 與 1 來表示。

也就是說，不論是什麼資訊，都能變成數位資料（以 0 與 1 表示的資料），交由電腦處理、計算！

啊，這點我好像聽過，例如數位電視、數位相機等，皆是如此。

只有 0 與 1～
我也聽過，電腦的世界是只有 0 與 1 的數位世界……

可是，這又如何呢？

資訊數位化為我們達成許多夢想喔。

數位化技術對人類的現代生活，有非常大的幫助。

啊！
該不會我們可以做到下列事情都是多虧數位化技術？

以電腦連線網路，搜尋新聞、動畫影片。

傳輸！

數位相機照的照片可用電腦編輯，再以電子郵件寄送。

照片編輯！

電郵

數位相機

下載音樂，並傳到播放器。

沒錯，我們的生活充滿了數位化資訊。

數位化技術的核心就是電腦的腦袋——CPU。

CPU

終於講到 CPU 了！CPU 的用途是什麼呢？

電腦的核心是 CPU（中央運算處理單元）

CPU 是 Central Processing Unit 的簡稱，是中央運算處理單元的意思。

也就是說！
CPU 的功能……

主要是運算！

運算？運算？

那是什麼？

「運算」是指電腦執行的計算。

利用 0 與 1 來計算。

此外，CPU 的運算可分為「算術運算」和「邏輯運算」。

請看下頁

※ CPU（Central Processing Unit）的 Processing 只有「處理」的意思，沒有直接表示出「運算」的意思，但為了明確表達 CPU 功能，此處譯為「運算處理」。

CPU 的運算

算術運算	邏輯運算
電腦執行的算術運算只有「加法」和「減法」。	邏輯運算是利用「0 與 1」的運算,非常單純。

加法 **＋**　減法 **－**

妳錯了,
別小看它。

哼~
電腦只會簡單
的計算嘛。
CPU
根本不足為懼!

※最近的 CPU 也有 FPU(Floating Point Unit:浮點運算)功能,藉以進行乘法、除法,但本書不談
　FPU,僅解說最基本的部分。

接下來,
我要說明很重
要的觀念。

要讓電腦發揮
它的功能……

不只需要 CPU,
還有其他必備零件!

咦?
還有其他零件?

15

這很理所當然呀。如果聖誕老人對妳說：「我送妳電腦吧。」

妳卻只收到CPU，妳會很困擾吧？

那種沒用的聖誕老人，我就用將棋塞滿他的嘴巴，再給他左一拳、右一拳？

妳不要有這麼暴力的想法！

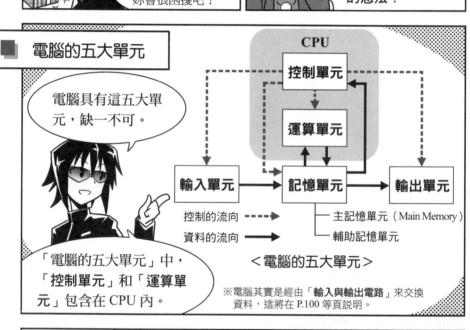

■ 電腦的五大單元

電腦具有這五大單元，缺一不可。

「電腦的五大單元」中，「控制單元」和「運算單元」包含在 CPU 內。

CPU

控制單元

運算單元

輸入單元 → 記憶單元 → 輸出單元

控制的流向 ------▶
資料的流向 ────▶

— 主記憶單元（Main Memory）

— 輔助記憶單元

＜電腦的五大單元＞

※電腦其實是經由「**輸入與輸出電路**」來交換資料，這將在 P.100 等頁說明。

嗚……重點好多，好像很難……

不用擔心，接下來我會簡單說明這五大單元。

首先，「輸入單元」是從外部將資料、指令輸入電腦的單元。

以電腦來說，就是指鍵盤、滑鼠。

接著，「輸出單元」是將資料由電腦輸出到外部的單元。

例如電腦的螢幕、印表機。

我的確是用鍵盤輸入資料，再看螢幕所輸出的資料。

「運算單元」則是執行運算的單元。

它的名稱很好懂吧……

但是，運算單元有個不可忽視的重點！

那就是……運算單元的執行，必需搭配記憶單元和控制單元！

記憶單元？控制單元？

也就是五大單元中，還沒說明的兩個單元吧！它們有何功用呢？

17

首先，「記憶單元」
是可記憶資料（儲
存、保存）的部分。

記憶單元分為兩種……
「主記憶體（主記憶單元）」
與「輔助記憶單元」。

※輔助記憶單元將於 P.115 說明。

CPU 的主記憶體
特別重要。

簡稱為記憶體

主記憶體
（主記憶單元）

就是上圖這
個傢伙。

這個記憶體……
為什麼那麼重要呢？

因為CPU的運算單元執行
運算時，一定會和記憶體
進行「資料的交換」。

資料的
交換？

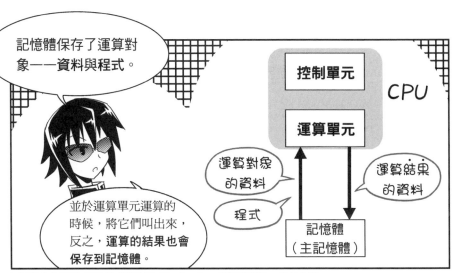

記憶體保存了運算對象——**資料與程式**。

並於運算單元運算的時候,將它們叫出來,反之,**運算的結果也會保存到記憶體。**

控制單元

CPU

運算單元

運算對象的資料

程式

運算結果的資料

記憶體(主記憶體)

※運算也會用到 CPU 的「暫存器(Register)」等記憶單元,詳見 P.70。

運算單元與記憶體相互接收、給予……的確是交換耶!

對了,你說的「**程式**」是什麼東西啊?

簡單來說……

就是人類給電腦的「**作業指令書**」。

要使用哪份資料?應選擇哪種運算?下一步要做什麼?

這些執行步驟都寫在程式中。

請按照這些步驟進行!

好的!

人類

程式(作業指令書)

電腦

原來如此,人類以程式來給予電腦指令呀。

19

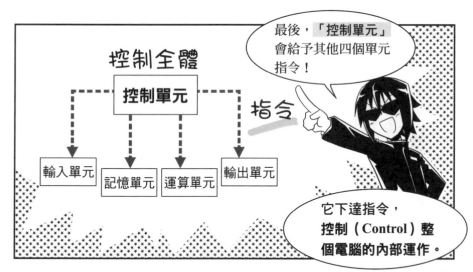

最後，「控制單元」會給予其他四個單元指令！

它下達指令，控制（Control）整個電腦的內部運作。

控制單元真是強大！不斷下達指示，就像在指揮整個部隊。

沒錯。剛才提到的程式（作業指令書），是保存於記憶體中。

而控制單元會讀取記憶體內的程式，接著……

從那邊拿取資料！

接著，這個和那個做加法！

將結果存到那邊！

再下達指令給各單元，以執行運算。

要執行程式
（作業指令書）……

絕對不能缺少控制單元啊！

沒錯。
至此，五大單元皆已大致說明完畢……

嗯！我現在可以看懂這張圖了！
（參照 P.16）

CPU
控制單元
運算單元
輸入單元 → 記憶單元 → 輸出單元

各單元彼此交換資料、接收指令！

這麼看來，CPU的**資料流向**、**控制流向**好像也很重要……

嗯—

哈哈哈哈！
妳能理解，真是太好了！

那麼，我們繼續講下去吧！

嗯？
他怎麼異常地興奮啊……

哈哈哈哈哈哈

他會說明得很長吧？

CPU的核心是 ALU（算術邏輯單元）

妳的理解力很好，不錯、不錯。

最後，我來講「ALU」吧。

ALU？不是CPU嗎？新的專有名詞？

嗯，ALU位於CPU的中心，負責執行「運算」……

是「運算單元」的主要部件！

控制單元

CPU

運算單元（ALU）

哇！看來它真的很重要！

ALU 是「**Arithmetic Logic Unit**（**算術邏輯單元**）」的簡稱。

它是執行「**算術運算**」和「**邏輯運算**」的單元（參照 P.15）。

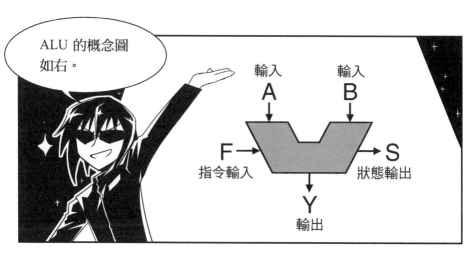

ALU 的概念圖如右。

輸入 A　輸入 B

F 指令輸入

S 狀態輸出

Y 輸出

這個V字型的盆子可以做什麼呢?

很簡單。

它可利用**輸入A**和**輸入B**這兩個輸入資料來運算。

運算的結果是**輸出Y**。

啊,比方說……

$5 - 3 = 2$ 的「5 和 3」是輸入資料,而「2」是輸出資料。

5　3

減法

2

沒錯。

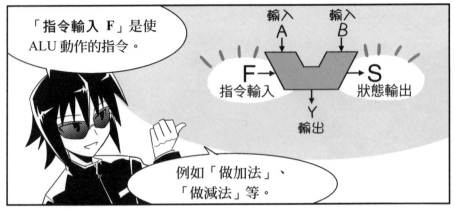

「指令輸入 F」是使 ALU 動作的指令。

例如「做加法」、「做減法」等。

「狀態輸出 S」則用來表示「運算結果」的狀態。

例如，「計算的結果為正值（或負值）」等。

以 5 − 3 = 2 為例，運算的結果是 2，所以狀態輸出是正值。

但是……為什麼我們需要「運算結果是正值」這樣的資訊呢？

妳挺機靈的嘛。其實，這個狀態輸出是用來判斷結果是否符合條件。

條件？判斷？

CPU 的運算與判斷

具體來說，

我們可以把電腦的功能，比喻成「銀行的 ATM（自動提款機）」。

我偶爾會使用 ATM 耶。

提款　　存款

存習印鑑　餘額顯示

轉帳

當妳選擇提領現金，電腦必須確認「存款餘額」。

以五減三為例，即是「帳戶餘額五萬日圓」減「提領金額三萬日圓」。

啊！

原來如此啊。

雖然「5－3」只是簡單的減法，但運算結果的**正負值**卻事關重大！

如果運算結果為**正**，表示帳戶有足夠的餘額，可以提領現金⋯⋯

如果運算結果為**負**⋯⋯

灰心喪氣⋯

就會變成「帳戶餘額不足」，無法提領。

運算結果為正

請收領現金！

運算結果為負

您的餘額不足⋯⋯

困窘

沒錯。CPU會根據「運算結果是否為正」，

判斷帳戶是否有足夠的餘額，決定下一個動作。

由此可知，CPU 不只會「運算」，還會「判斷」！

運算　判斷

CPU

只要設計好**程式**（作業指令書），CPU 不但可以運算，還能做判斷啊。

藉由**運算與判斷**的重複執行，電腦即可做很多事情。

對。電腦能夠幫人類快速完成工作、處理人類無法處理的資訊，還能做到各種人類做不到的事情。

就像剛才的將棋比賽……啊，抱歉提起妳的傷心事。

原來如此，我終於有點懂 CPU 了。

嗯……

但是，還是有很多不瞭解的地方，我必須更加努力學習呢！

喔……

我想深入瞭解CPU。

雖然下將棋輸給電腦，令我有點不甘心……

不，是非常不甘心！今晚我可能會因為過於不甘心而失眠！

OBOT OBOT——！

但是，打敗我的CPU就是我的宿敵！

我必須知己知彼，才能戰勝它！

好吧，反正我喜歡為他人解說電腦的CPU……

不！我只是覺得偶爾和愚民玩玩也不錯啦，哈哈哈哈！

原來如此呀！難怪你會這麼興奮地教我……

？

補 充

◆ 「資訊」是什麼？

「資訊」、「資訊技術」、「IT（Information Technology）」等專有名詞如今已廣為人知，雖然人們常將這些專有名詞和網路技術、電腦技術放在一塊談論，但未必表示它們和這些最新科技有關。

話說回來，「**資訊**」是指什麼東西呢？若用一句話來表示，大概是「**生活中刺激著人類感官、感性的所有事物**」吧。

例如各種自然現象，或是繪畫、照片、音樂、小說等藝術作品，以及報紙、廣播、電視的新聞與娛樂節目，都是資訊。除了廣播與電視等媒體傳播的資訊，其他資訊大多於電力發明之前就已存在。這些資訊普及於人類社會，**影響我們的生活**。

在我們的生活中，有助於個人、特定團體的資訊特別受重視，其他資訊則會被淘汰。不重要的資訊可看作雜音（Noise），而如果資訊（訊號）與雜音的相對比率提高，即可能使人遺漏重要的資訊，我們必須想辦法預防這種情形。

自古以來，備受重視的資訊是與糧食有關的資訊。而對有關於糧食的戰爭來說，足以左右戰局的新聞即是重要的資訊。近年來，人們則重視有關於穀物收穫量的資訊，而且穀物的期貨買賣亦成為一種投資，因此氣象的預報也變成了重要資訊。這些資訊並不是邁入網路世代後才受到重視，日本江戶時代紀伊國屋文左衛門的商業活動，即是奠基於這些資訊的運用。換言之，「資訊」自古以來便存在，且被用於各個面向。

　　然而，「資訊」結合近年興起的數位技術，能為我們帶來什麼好處呢？

　　「**資訊的數位化**（參照 P.12）」最大的價值在於，文字資訊、聲音資訊、圖像資訊、影像（電影動畫）資訊，都可以透過**數位通訊線路**（例如網路）**交換**。在**同樣的媒體**中（例如硬碟），所有資訊都能以數位的形式**保存**。

　　連接相同通訊線路的電腦之間，能夠交換這些數位資訊，也可為資訊加工以達到不同的目的。在這個資訊量暴增的年代，資訊的組合與**分析**，比單獨利用個別資訊，更能變化出各種被加工成不同型態的**新型資訊**。

　　通訊與資訊傳播技術隨著電力、電子工學的發達，亦有大幅的進步。電信電話、廣播、電視節目播放等，加速了資訊傳播技術的發展。二〇一一年七月，日本多數地區的電視節目數位化，即是數位通訊技術與影像壓縮技術的應用。

　　而上述數位化技術的核心，就是掌管各種運算的「CPU」。

◆ 數位資訊與類比資訊的差異

⋯⋯⋯⋯⋯⋯⋯⋯⋯⋯⋯⋯⋯⋯⋯⋯⋯⋯⋯⋯⋯⋯⋯⋯⋯⋯⋯⋯

以 0 與 1 表示文字、聲音、圖片、影像等資訊，就是「資訊的數位化」，這些數位資訊是CPU的運算對象。而與**數位**相對的是「**類比**」。

數位和類比的差異是什麼呢？

溫度計、體溫計是解釋何謂數位與類比的代表性例子。溫度計利用酒精與水銀的熱膨脹特性，以它們在毛細管中的體積變化來標示**刻度**，屬於類比式；體溫計利用感應器將溫度轉換為電壓，再以**數字表示**電壓變化，屬於數位式。

由此可知，類比可測量連續數值；數位可測量**離散數值**（不連續數值）。

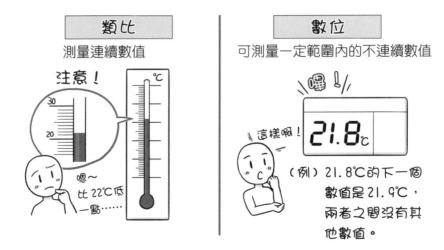

英文的「數位（digital）」一詞源自折手指算數的意思，使許多人誤認為電腦僅能處理整數的數位資訊，但事實並非如此。

數位不限於整數，**具有小數點的有限小數也屬於數位**。也就是說，數值的數位化是指「在一定的位數內計算數值，並以最小單位為基準，取整數倍的不連續數值」。

數位化資訊（Digital Data）和**類比資訊**（Analog Data），在處理情報上有何差異呢？下圖誇大了兩者的差異，答案就在圖中。

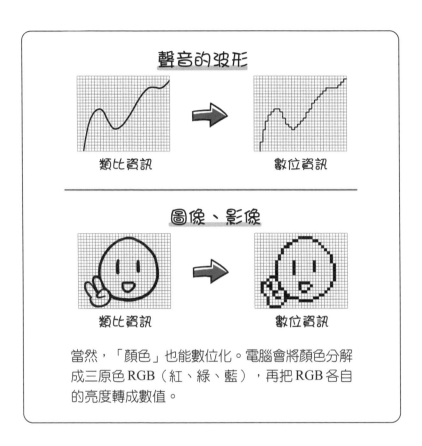

聲音的波形

類比資訊　　　　　　　　數位資訊

圖像、影像

類比資訊　　　　　　　　數位資訊

當然，「顏色」也能數位化。電腦會將顏色分解成三原色RGB（紅、綠、藍），再把RGB各自的亮度轉成數值。

　　如上所述，在類比資訊轉換成數位資訊的過程中，會省略一些資訊、減少資訊量，但省略的資訊量，是人眼、人耳無法辨識的程度。

　　削減人類無法辨識的數位資訊，以縮小的狀態保存起來，或以通訊線路傳輸，這種手法稱為「**資料壓縮**」；而使壓縮的資訊返回原本的狀態，稱為「**資料解壓縮**」。

用於聲音資料、圖片資料、影像資料的壓縮技術是，削減人類聽覺、視覺不易察覺的部分，來減少資訊量。然而資訊量一旦減少，即沒有辦法完全還原成原本的資料，這種壓縮方法稱為「**不可逆壓縮**」。如果文字資訊一經壓縮便無法完全還原，會使人很傷腦筋，因此我們多會運用「**可逆壓縮**」。

　　不管是哪一種壓縮，只要資訊能夠數位化，便能以「**CPU**」的算術、邏輯運算來執行資料的壓縮與解壓縮，每種資料幾乎都能進行運算處理。

只要是 0 與 1 的數位資訊，我就能一個勁地運算下去！

CPU

　　多數人都認為數位是「以 0 與 1 表示的世界」，但是數位不只包含 0 與 1，**把 0 與 1 所表示的資訊「加工」，藉此為人類的生活帶來幫助，才是數位化的核心**。另外，相較於類比資訊，數位資訊的通訊、資料傳輸較不易受外在雜音（Noise）的干擾。

　　雖然我們把「0」與「1」當作數位資訊的象徵，但它們其實是指 CPU 內部的電力訊號處理，有的書與圖示即是利用【電壓】的「高低」，或是【電流】的「有無流通」（電力訊號）來表示，甚至以「○」與「●」的符號來表示。

　　雖然 0 與 1 是數位資訊的基本要素，**但它們只是象徵的（Symbol）符號，而不是真的數值，可用其他符號代替**。

第 2 章

數位運算

① 電腦的世界採用二進數

來吧，
今天我請客～♪

所以，你來教我
CPU 吧！

真是個
強勢的傢伙……

嘛、
我是會吃啦

為什麼我放學了，還
必須和妳碰面啊。

放學？

你今天有好好去
學校啊？
脫離家裡蹲啦？

妳不要隨便
妄想！

「0與1」是相反的狀態

我馬上來問問題吧！

大家都說電腦是 0 與 1 的世界，好抽象喔……

0 與 1 到底是什麼？

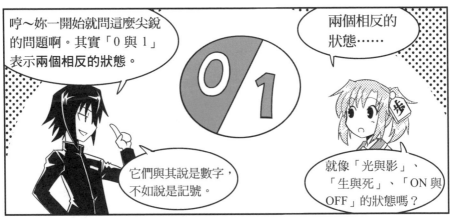

哼～妳一開始就問這麼尖銳的問題啊。其實「0 與 1」表示**兩個相反的狀態**。

兩個相反的狀態……

它們與其說是數字，不如說是記號。

就像「光與影」、「生與死」、「ON 與 OFF」的狀態嗎？

沒錯！

具體來說，電腦的電壓具有兩種狀態——「電壓高於基準的……**H** 位準」和「電壓低於基準的……**L** 位準」。

〈隨著時間的推移，電壓的變化情形〉

※**電壓**表示電力流通所造成的壓力。

37

原來如此，這兩種狀態還真容易理解。

電壓高（H）與低（L）！真是單純！

對。

電腦利用「0 與 1（L 與 H）※」來運算。

※本書以「0＝L；1＝H」來表示，但也可以用「0＝H；1＝L」來表示。記號的選擇是系統設計者的自由。

十進數與二進數

嗯……但是，只有「0 與 1」能做什麼呢？

只有這兩者，連簡單的計算都做不到吧？

呵呵呵，視野狹隘又愚蠢的人類！

電腦和人類的思考方式是不同的！

我們人類是使用「0 到 9」的十個數字來運算十進位的數字（簡稱十進數）。

但是，電腦的世界僅以「0 與 1」來表示數值，再運算二進位數字（簡稱二進數）。

十進數	二進數
0	0
1	1
2	10
3	11
4	100
5	101
6	110
7	111
8	1000
9	1001
10	1010
11	1011
⋮	⋮

進位！

進位！

進位！

進位！

〈十進數和二進數的比較〉

電腦只要有0與1就夠了！請看左圖！

哇～真的只有0與1！二進數的位數增加得很頻繁耶。

順帶一提，二進數的每位數（0或1）即為一位元（1 bit）。這點要記住喔！

1bit

1001

四位數是 4 bit

也就是說，四位數的二進數是**四位元**，如要表示 1001（亦即十進數的9）即需要四位元……

沒錯！我繼續說明二進數吧！來吧，妳準備好進入0與1的世界了嗎！

來吧！！

嗯……

他剛開始那麼不情願，最後還是興奮地為我說明……

二進數的數值表示

接下來，我們來學習二進數的基本觀念吧！
我們先以平常使用的「十進數」來思考。

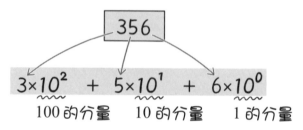

$$3 \times 10^2 + 5 \times 10^1 + 6 \times 10^0$$

100 的分量　　10 的分量　　1 的分量

任意數的零次方皆為 1
如：$10^0 = 1$、$2^0 = 1$

上圖是數字「356」的構成。由圖可知，**不同的「位數」，擁有不同「分量」**。

位數的分量比喻成錢，會比較容易理解吧。

三百五十六日圓是三枚 100 日圓（10^2）、五枚 10 日圓（10^1）、六枚 1 日圓（10^0）的總和，而 100 日圓、10 日圓、1 日圓的「分量」（價值）不同。

沒錯，請將這個思考方式套用於「二進數」，將十進數的「10」替換成「2」，**各位數所代表的分量**即如下頁所示。

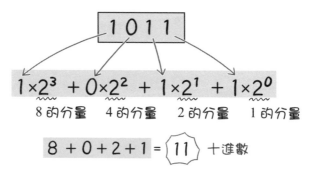

$$1×2^3 + 0×2^2 + 1×2^1 + 1×2^0$$

8 的分量　　4 的分量　　2 的分量　　1 的分量

$$8 + 0 + 2 + 1 = 11 \quad 十進數$$

 嗯……以硬幣來比喻就是……有 8 日圓（2^3）、4 日圓（2^2）、2 日圓（2^1）與 1 日圓（2^0）的硬幣，**而 1 代表有這種硬幣，0 代表沒有這種硬幣，也就是說，1011 沒有 2^2（4 日圓）。**

所以，二進數的「1011」換成十進數，會變成「8 + 0 + 2 + 1」＝「11」，很簡單嘛。

 此外，**小數點後的數字**也適用這種表示方式。請看下圖。

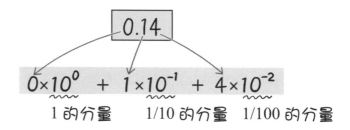

$$0×10^0 + 1×10^{-1} + 4×10^{-2}$$

1 的分量　　　1/10 的分量　1/100 的分量

十進數小數點後的數字，以（10^{-1}）、（10^{-2}）……來表示，代表十分之一（0.1）的分量、百分之一（0.01）的分量……等。

 二進數也是同樣的道理吧！

小數點後的數字，以（2^{-1}）、（2^{-2}）、（2^{-3}）……的方式增加位數，代表二分之一（0.5）的分量、四分之一（0.25）的分量、八分之一（0.125）的分量。

雖然有點複雜，但十位數與二進數的原理是一樣的！

定點數與浮點數

接下來,我要介紹兩個重要的名詞……其實,電腦的數值表示方法有兩種——「**定點數**」和「**浮點數**」。

以浮點數來表示**非常小的數值**,例如「0.00000000000000……001」,或是**非常大的數值**,例如「1000000000000000……」,會有助於計算喔,比定點數方便許多!

為什麼?浮點數與定點數到底有什麼不同?

舉例來說,「**一億**」的十進數表示成「100,000,000」,但若表示成「10^8(10 的八次方)」,不是比較簡單便利嗎?
這種表示方式稱為**指數形式**,10^n的**n稱為指數**,浮點數就是利用指數形式來表示數值。

「**定點數**」則是我們平常使用的表示方式,小數點位在最小位數的整數後面。
定點數與浮點數的比較如下:

定點數	浮點數
123.← 小數點	1.23×10^2
1230000.	1.23×10^6
0.00000123	1.23×10^{-6}

原來如此。以**定點數**表示極大數值或極小數值，**必須寫出許多位數**。但是，以**浮點數**表示只需改變指數，真的比較便利耶！

 沒錯。剛才以十進數為例，但電腦的世界是二進數，因此最常使用的形式為：

$$1.69 \times 2^{\underline{n}} \text{ 指數}$$

有效數部分的數
值僅是舉例。 　　　有效數部分　　指數部分

┌──────────────────────┐
電腦的浮點數表示方式
└──────────────────────┘

 有效數「1.69」只是舉例，這部分的數值本來應該以二進數表示，但為了便於理解，我以十進數來代替。
而且，**有效數的數值必須是「1 以上，未滿 2 的數值」**。

 嗯。使用這種表示方式，電腦比較容易處理極大的數值，以及極小的數值，方便計算！

 沒錯！此外，「**計算浮點數的速度**」與電腦（CPU）的性能密切相關。

※詳細説明請參閱 P.139。

一般來說，**科學記號表示法**用於處理十五位數的運算，但視情形而定，有時也可處理三十位數。最近的加密技術甚至可以處理大於三百位數的整數。
順帶一提，須在短時間內處理精密繪圖的**遊戲機**，即需要利用浮點數計算。

 嗯……我的心算大概沒有辦法處理這種計算……
雖然再次輸給電腦讓我很不甘心，但還是希望利用浮點數的計算能被廣泛用於各大領域！

二進數的加法與減法

我終於要介紹二進數的數值運算了。

先介紹二進數的加法，亦即相加運算。

一位元（一位數）和一位元（一位數）的相加運算如下：

$$0 + 0 = 0、0 + 1 = 1、1 + 0 = 1、1 + 1 = 10$$

嗯，好簡單。最後的 $1 + 1 = 10$ 代表一位元與一位元相加的**低位數會變為 0**，而下一位數則進位為 **1**。

$$\begin{array}{r} 1 \\ +\ 1 \\ \hline 進位\ 10 \end{array}$$

沒錯。理解一位元的加法，即可理解多位數的加法。

例如，二進數 $(1011)_2 + (1101)_2$ 的計算必須從低位數依序往高位數進位，如下圖所示：

※（ ）$_2$ 表示二進數；（ ）$_{10}$ 表示十進數。

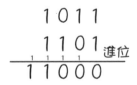

$$\begin{array}{r} 1011 \\ 1101\ 進位 \\ \hline 1\ 1\ 1\ 1 \\ 11000 \end{array}$$

要注意
進位！

只需要注意進位啊。二進位的加法還真單純！不對，應該是我太優秀了。

喂……接著我要介紹減法——**相減運算**。

相減運算的重點在於，以「**補數**」表示**負數**，再以補數（與原數相當的負數）進行**相加運算**，如此便相當於進行了相減運算！很屬害吧！

嗚……在你講得正高興的時候打斷你，真不好意思……
但是我聽不懂耶……到底是什麼意思呢？

我用**十進數**來說明吧。
舉例來說，減去「**15**」的計算，等於加上「**-15**」的運算吧？
但是，若在不能使用負號的情況下，該怎麼辦呢？
「**-15**」不能用別的數字來代替嗎？

我不知道啊……不要賣關子，趕快告訴我！

請仔細看下列兩個算式。
【A式】15＋(－15)＝0　　　【B式】15＋(85)＝100

$$
\begin{array}{c|c}
\textbf{【A 式】} & \textbf{【B 式】} \\
\begin{array}{r} 15 \\ +(-15) \\ \hline 0 \end{array} & \begin{array}{r} 15 \\ +(\ 85) \\ \hline 100 \end{array}
\end{array}
$$

忽略！

由圖可知，若只**看後兩位數**，15＋(－15)和15＋(85)的計算結果
完全相同。

咦！真的耶，**0和00所代表的數值（分量）一樣**。
但是，B式計算結果的「1」跑去哪裡了？

哈哈！這是**假定二位數的計算**，不用管超過二位數的數字！妳就當
作沒有看到吧！這稱為「**溢位（overflow）**」唷！

咦咦咦！這是什麼道理啊？可以這樣喔？

呵呵呵，妳嚇到了吧！

以這個例子來說，「85 即是 15 相對於 100 的**補數**」。

補數是「和原數相加會造成進位（產生溢位）的數」，意為「**補上的數**」。

而對假定二位數的計算來說，補數相當於原數的「**負數**」，亦即（85）等同於（－15）。

> 舉例來說，若忽視最高位數，9647 － 1200 ＝ 8447 的計算結果便等於「9647 ＋ 8800 ＝ 18447」，**兩者的後四位數一樣**。換言之，以 1200 相對於 10000 的**補數（8800）**來進行**加法**，所得的結果，等於直接以 1200 進行減法所得的結果。

嗚～真是大膽的做法啊！

利用「補數」，**使減法等同於「補數的加法」**，的確很便利，但這歪理套用於二進數，會變得如何？

這才不是歪理，是出色的數學原理！

算了……我來介紹二進數的處理方式吧。

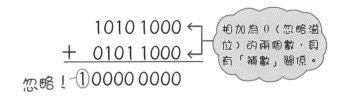

```
    1010 1000 ←
  + 0101 1000 ←
忽略！①0000 0000
```

相加為 0（忽略溢位）的兩個數，具有「補數」關係。

如上圖所示，如果兩個二進數相加、**忽略溢位**，所剩下的位數皆為 **0**，即稱這兩個數屬於補數（或稱二補數）關係，而這兩數的減法可運用補數的加法來計算。

嗯……但是，求二進數的補數……好像很麻煩耶。

求二進數的**補數（二補數）**不難喔，利用下頁的步驟即可。

求補數，做減法！

STEP1 首先，將原數的各位數都反轉（亦即做出一補數）。

STEP2 再將反轉的數加上 1，構成二補數。

原數加上這個二補數，等同做了減法！

 我以剛才舉的例子求求看補數吧……按照步驟做，一點也不難呢。

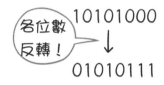

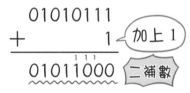

 電腦（ALU）運用這個道理，來執行**算術運算（加法、減法）**。但是，ALU 的減法實際步驟，是**先讓「原數」＋「各位數反轉的數」，再加上「1」**。這與上述步驟有些不同，但原理一樣。

利用此方法，**電腦處理的數字只有 0 與 1，極為單純，所以計算速度非常快**。

 原來如此～這就是二進數的優勢啊！

② 邏輯運算是什麼？

■ IC 內含邏輯電路

我們終於要進入今天的主題了。

首先，
歡迎主角登場！

你不要把蟲子帶進餐飲店！

這不是蟲子！

這是稱為 **IC**（積體電路）的電子零件，它非常重要。

IC 裝在各種電子產品中……

好久不見！

CPU

而電腦的 **CPU** 是「極複雜、精密的 IC」。

這隻蟲……有很多銀色的腳耶。

這些接腳（pin）是電力的通道。

IC

接腳

「0或1（L或H）」的**數位訊號**（電力訊號）即由這裡輸入、**輸出**。

哇！這些腳不只是裝飾啊。

接下來，有個重點……

邏輯運算！

哇——！！

0與1的「**邏輯運算**（數位運算）」在IC內部進行！

邏輯運算？聽起來比加法、減法的算術運算還難……

不！對擅長邏輯思考的我來說，這是很簡單啦！

我是這麼認為啦……

妳不用那麼努力地擺架子，邏輯運算非常單純、簡單。

首先，
妳要對IC內部構造有
基本的認識……

此為型號
74LS08 的 IC

接腳

寫
寫

IC 內部具有「**邏輯電路**」，
這張圖便是以記號表示的電路圖，
中間的四個記號就是邏輯電路。

嗯……相同的記
號有四個，而且
每個記號都連接
接腳……

我們將其中一個記
號放大來看吧。

接腳

放大！

輸入A
輸出B

輸出

如右圖所示，**兩個輸
入、一個輸出**是「邏輯
電路」的基本形式。

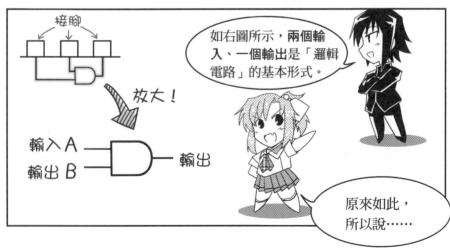

原來如此，
所以說……

邏輯電路是個神秘箱子，只要有輸入，便會輸出結果！

輸入 A ── 邏輯電路 ── 輸出

輸入、輸出皆是 0 與 1

而它輸入與輸出的東西當然都是 0 和 1……

嗯。沒錯。

三大基本電路（AND、OR、NOT）

那麼，我來介紹神秘箱子──邏輯電路吧！

最基本的邏輯電路有 **AND** 電路、**OR** 電路，以及 **NOT** 電路。

AND	OR	NOT

這些都要記住喔！

全部？
這是斯巴達教育！

不……這些電路的規則非常簡單。

妳可以把它想像成面試！

假定 1（錄取）和 0（不錄取）兩個值。

將兩個輸入想像成判斷錄取與否的兩位面試官。

AND 電路必須**兩位**都給 1（錄取），結果才會是 1（錄取）。若其中一位給 0（不錄取），結果便是 0（不錄取）。

若不得到**兩位**的「1」，便不錄取……

OR 電路則是只要**其中一位**給 1（錄取），結果就是 1（錄取）。

只要其中一位同意錄取，就會錄取啊，我放心了……

NOT電路是**反轉**輸入,輸入 1(錄取),會得到 0(不錄取)。

不會吧! 可以完全否定這位面試官的意見嗎?

邏輯電路 就是這樣。

相同的數值輸入 AND 和 OR,所得的輸出結果不一定相同。

NOT 真令人震撼,有考慮到面試官的心情嗎……

真值表、文氏圖

還有**其他情形**吧?例如兩位都不同意錄取(兩個輸入皆為 0)的情況,

結果應該是不錄取(輸出為 0)……直接落選吧……

哼哼哼……讓我來為妳解惑吧……

看吧!

請看羅列各種情形的「**真值表**」!

真值表顯示了「所有可能出現的輸入與輸出情形」。

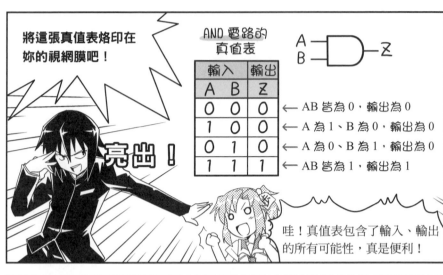

將這張真值表烙印在妳的視網膜吧！

AND 電路的真值表

輸入		輸出
A	B	Z
0	0	0
1	0	0
0	1	0
1	1	1

← AB 皆為 0，輸出為 0
← A 為 1、B 為 0，輸出為 0
← A 為 0、B 為 1，輸出為 0
← AB 皆為 1，輸出為 1

亮出！

哇！真值表包含了輸入、輸出的所有可能性，真是便利！

另外，「**文氏圖**（Venn diagram）」也可幫助妳思考邏輯電路。

啊！國中老師好像有教過這個。

重要的是，文氏圖也顯示了**兩個狀態**。

圖被分成有顏色的部分（1）和沒有顏色的部分（0）。

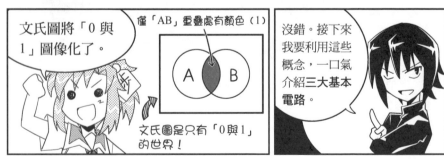

文氏圖將「0 與 1」圖像化了。

僅「AB」重疊處有顏色（1）

文氏圖是只有「0 與 1」的世界！

沒錯。接下來我要利用這些概念，一口氣介紹**三大基本電路**。

AND 電路、OR 電路、NOT 電路的整理

 我來整理這三大基本電路的重點吧。
我們將利用**記號**、**真值表**、**文氏圖**來解說。

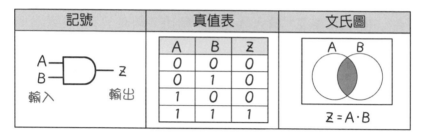

AND 電路（邏輯積電路）

記號	真值表			文氏圖
	A	B	Z	
A─⊐ Z B─⊐ 輸入 輸出	0	0	0	A B
	0	1	0	
	1	0	0	
	1	1	1	Z＝A·B

AND電路是「輸入A、B皆是 1，輸出Z才會是 1」，可表示成「Z＝A・B」算式。

AND（邏輯積）的記號可寫成「・」或「∩」。

OR 電路（邏輯加電路）

記號	真值表			文氏圖
	A	B	Z	
A─⊐ Z B─⊐ 輸入 輸出	0	0	0	A B
	0	1	1	
	1	0	1	
	1	1	1	Z＝A＋B

OR電路是「輸入A、B的其中之一是 1，輸出Z便是 1」，可表示成「Z＝A＋B」算式。

OR（邏輯加）的記號可寫成「＋」或「∪」。

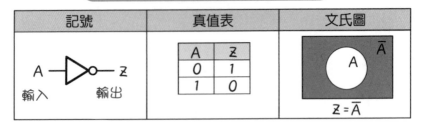

NOT 電路（反相電路）

記號	真值表	文氏圖
A ─▷○─ Z 輸入　　輸出	A | Z 0 | 1 1 | 0	$Z = \overline{A}$

NOT 電路是「輸入 A 是 1，輸出 Z 即是 0」，可表示成「$Z = \overline{A}$」算式。

NOT（反相）的記號寫成「－」。

這個白色圓圈代表「反轉」0 與 1

 哇！可以表示成「A・B」、「A＋B」、「$\overline{A}$」算式啊！我學到好多表示方式。

 此節介紹的AND電路和OR電路，都是以**兩個輸入（A、B）**為例，但**輸入其實可以是三個以上**。

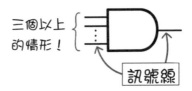

三個以上的情形！

訊號線

此時，AND 電路代表「**所有的輸入皆是 1，輸出才會是 1**」；OR 電路則代表「**只要其中一個輸入是 1，輸出便是 1**」。

 輸入、輸出的線路稱為「**訊號線**」，用來傳輸「0 或 1」的數位訊號。

其他的基本電路（NAND、NOR、EXOR）

我繼續教下去囉。接下來要說明的是 **NAND** 電路、**NOR** 電路，以及 **EXOR**※電路。

NAND	NOR	EXOR

什麼？

※ **EXOR** 也可稱為「XOR」、「EOR」。

剛才你明明說基本電路只有 AND、OR、NOT……

暈眩

你怎麼說話不算話！

騙子！竟然還有其他的電路！

喂——
冷靜點！

妳必須瞭解「NAND、NOR、EXOR」。

為什麼呢？
這是因為……

妳學了就知道！

你好激動啊！

NAND、NOR、EXOR 電路的整理

 我來整理其他的基本電路吧。
其實這些電路皆由「AND、OR、NOT」組合而成。

NAND 電路（反邏輯積電路）

記號	真值表	文氏圖

	A	B	Z	
	0	0	1	
	0	1	1	
	1	0	1	
	1	1	0	

A
B
輸入　　　　輸出

$Z = \overline{A \cdot B}$

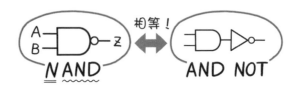

相等！

NAND 電路是「**AND** 電路」和「**NOT** 電路」的組合。
NAND 是「將 AND 的輸出結果，以 NOT（反相）輸出」，可表示成「$Z = \overline{A \cdot B}$」算式。

NOR 電路（反邏輯加電路）

記號	真值表	文氏圖

	A	B	Z	
	0	0	1	
	0	1	0	
	1	0	0	
	1	1	0	

A
B
輸入　　　　輸出

$Z = \overline{A + B}$

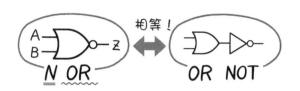

NOR電路是「**OR**電路」和「**NOT**電路」的組合。

NOR是「將OR的輸出結果，以NOT（反相）輸出」，可表示成「$Z = \overline{A + B}$」算式。

EXOR 電路（互斥邏輯加電路）

記號	真值表			文氏圖
A 輸入 B 輸出 Z	A	B	Z	A B
	0	0	0	
	0	1	1	
	1	0	1	
	1	1	0	$Z = A \oplus B$

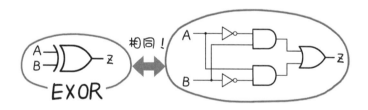

EXOR電路是「若輸入的A與B相異，輸出Z即為1」，可表示成「$Z = A \oplus B$」算式。

EXOR電路組合了「AND、OR、NOT」，工作原理如上面的電路圖所示。EX是「Exclusive（互斥）」的縮寫。

 組合幾個基本電路，竟然可以獲得相同的功能，真棒。這些電路的確必須瞭解呢。

第摩根定律

 我岔個題，妳不覺得「定理」、「定律」聽起來很有魅力嗎？
感覺莫名帥氣，令人怦然心動……
所以我來教妳重要的定律吧！
亦即邏輯運算不可或缺的——**第摩根定律**（DeMorgan's Theorem）！
※又稱為**第摩根定理**。

第摩根定律

$$\overline{A \cdot B} = \overline{A} + \overline{B}$$

$$\overline{A + B} = \overline{A} \cdot \overline{B}$$

 啊～今天我吃太多了～
但是，偶爾吃吃速食，還真不錯～♪

 別無視我！
這些算式乍看之下的確有點難懂啦……
我們先從重點切入吧……
這個定律能夠轉換「邏輯積（AND）」與「邏輯加（OR）」喔。

 啊！沒有錯耶！下頁圖的左右側，「‧」（AND）與「＋」（OR）
的位置相反呢！

 沒錯！這代表使用**第摩根定律**，便能**轉換電路**。如此一來，即能使電路圖更清晰易懂，請看下圖。

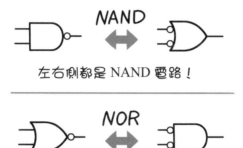

左右側都是 NAND 電路！

左右側都是 NOR 電路！

第摩根定律的電路轉換

 哇，真的改變了！
但是，電路圖的左右兩側，外觀變化還真大……
這樣轉換真的沒問題嗎？

 沒問題。雖然兩側的表示方式不同，但**意義並沒有改變**。
因為邏輯電路（數位電路）只標示 **0** 與 **1**，所以「整個」相反過來，本質上的意義會並不會改變※。

 原來如此……所以我可以大膽地轉換電路啊。
第摩根定律真是重要！

※ AND 與 OR 的輸入、輸出，以及電路，都是相反的，但兩者的意義卻是一樣。舉例來說，「兩位面試官皆同意，才會錄取」就等於「其中一位面試官不同意，便不錄取」，這代表 $Z = \overline{A} + \overline{B} = Z = A \cdot B$。請參考《世界第一簡單數位電路》P.72。

③ 運算電路

■ 加法電路

哈哈！我終於精通電路記號了……

畫 畫

你看！

AND OR NOT EXOR NAND NOR

看吧！
電路記號就是這麼容易！

噗！

你為什麼要偷笑！

失禮了。

但是只滿足於塗鴉，表示妳還不瞭解邏輯電路。

利用這些基本電路，做出「具有某種功能的電路」，才有意義呀！

突破 盲點！

什麼……
什麼意思？

妳看！
這才是有幫助的電路！

降臨

A
B
S
C

這是「半加法器」的運算電路，好好膜拜雄壯威武的它吧！

咦！

這是非常初階而經典的電路。

它是加法……也就是相加運算的電路。

半加法器的記號組合看起來真的很宏偉…使用到 AND 電路與 EXOR 電路！

但是，為什麼這個電路是加法呢……

我勉強聽一聽你的說明吧！

想請我解釋就老實說啊。

半加法器

我來說明「半加法器」吧。

其實妳應該可以馬上理解。

首先，請回想一位元（一位數）的加法：

$$0+0=0、0+1=1、1+0=1、1+1=10$$

將一位元加法整理成下圖，將一位元的部分看成「**輸入A**」與「**輸入B**」即會變成真值表。

此外，為了把輸出統一成二位數，請將「1」的輸出，表示成「01」。

$$
\begin{array}{cc}
A & B & \text{輸出} \\
0 + 0 = 00 \\
0 + 1 = 01 \\
1 + 0 = 01 \\
1 + 1 = 10 \quad \text{（進到下一位）}
\end{array}
$$

↑ 低位數

妳有沒有發現什麼？要注意灰底的部分喔。

啊？該不會……只看輸出的**低位數**……

這張圖就會和**EXOR**電路的真值表（P.59）相同！

我記得EXOR電路代表「若輸入的A與B相異，輸出Z即為1」……

沒錯。接著請妳注意輸出的高位數。

$$A \quad B \quad 輸出$$
$$0 + 0 = 00$$
$$0 + 1 = 01$$
$$1 + 0 = 01$$
$$1 + 1 = 10 \quad (進到下一位)$$
$$\uparrow 高位數$$

 嗯……此圖的高位數和 **AND** 電路真值表（P.55）相同！
AND電路代表「輸入A、B皆是1，輸出Z才會是1」。
也就是說，**組合EXOR、AND，以及兩個輸出（低位數、高位數）
的電路，便能進行一位元的加法！**

 沒錯，很簡單吧？
令「**低位數為輸出S**」、「**高位數（進位）為輸出C**」，結合EXOR
與AND，即可構成具有兩個輸入、兩個輸出電路的半加法器（**Half
Adder**）。
此外，「**S**」是Sum（合計）的意思；「**C**」是Carry（進位）的意
思。

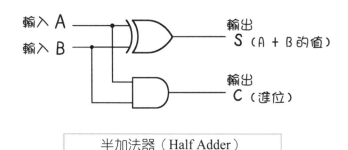

半加法器（Half Adder）

 運用半加法器，我們能進行一位元（一位數）的加法。

全加法器、漣波進位加法器

只要瞭解「半加法器」的原理，就不會覺得它很難！
但是……有個地方我覺得很奇怪。

上頁圖的電路只有「**進位的輸出**」（C），卻不能接收更低位數的**進位輸入**吧？
也就是說，半加法器真的只能進行一位數的加法……好像沒什麼用耶！

嗯，真是尖銳的批評。
的確，「半加法器」無法接收更低位數的進位，因此它只能進行一位元的加法。
「半加法器」就像一個「半吊子」，它幫不了毒舌的人，而被罵得狗血淋頭，也是沒辦法的事……

我才沒有把它罵到狗血淋頭！為什麼把我當成壞人！

但是，妳可別小看半加法器！
用兩個「半加法器」，便能做出「**全加法器**」喔。

下頁圖具有三個輸入、**兩個輸出**的電路，稱為「**全加法器（Full Adder）**」。
為了方便理解，下頁圖的半加法器以箱子形狀表示。

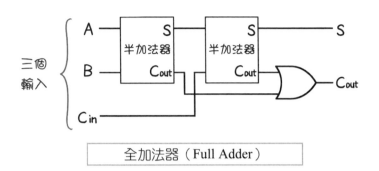

全加法器（Full Adder）

 全加法器真的用了兩個半加法器！不再是半吊子了。
「C_{in}」表示「進位的輸入」；「C_{out}」表示「進位的輸出」吧！

 沒錯。只要不斷增加「全加法器」，即能做出**多位數的加法電路**，稱為「**漣波進位加法器（Ripple Carry Adder）**」。

下圖的電路圖有「四個加法器」，所以能進行「四位數」的加法。
下圖的全加法器也以箱子形狀來表示喔。

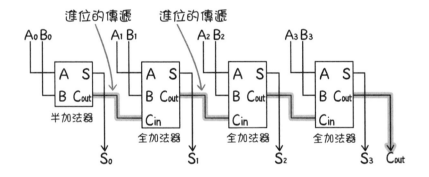

漣波進位加法器（Ripple Carry Adder）

 某位數的「**進位輸出**」和下一位數的「**進位輸入**」相連，
便能**依序傳遞進位的數值**，進行計算。

67

漣波進位加法器和進位預看加法器

「**漣波進位加法器**」依序傳遞進位數值的計算方式真親切。
這和一般的直式加法計算一樣，從低位數開始，依序往上進位。

沒錯，但這也是令人頭痛的問題……
從低位數開始計算，再依序傳遞進位的數值，這個過程較耗時。

漣波進位加法器（Ripple Carry Adder）所計算的位數越大，「傳遞延遲時間」累積得越多，整體計算速度越慢。
順帶一提，「傳遞」是「傳達運送」的意思。

漣波進位加法器（Ripple Carry Adder）概念圖

很浪費時間耶……
加法是常用的運算，速度這麼慢真令人困擾。
該怎麼辦呢？

因此，我們發明了「進位預看加法器（**Carry Lookahead Adder**）」。

進位預看加法器用**另外的邏輯電路**來計算進位（**Carry**），再將結果傳遞到各位數的加法器。
利用這個方法，**計算高位數的速度即可變快**！
※運算減法則需利用計算**借位（Borrow）**。

進位預看加法器（Carry Lookahead Adder）概念圖

 竟然可以這麼做！
也就是說，可以另外設置判斷**「有無進位」的專用電路**啊！

 對，進位預看的電路在**進位預算加法器執行加法（或減法）的同時**，**判斷有無進位（借位）**。
雖然此方法會使電路規模變得很大，卻可以大幅縮短計算的時間。

 嗯……加法器以這種方式來克服耗時的缺點呀。加法器電路看似單純，其實很厲害呢。

69

④ 記憶電路

我接著要講最後一個主題——

「記憶」電路！

嗯……簡單來說，記憶電路就是記憶單元吧？

就是你之前介紹的這個東西……

（參照 P.18）

記憶！

負責運算資料、程式等。

沒錯，這個記憶體（主記憶單元）的確是記憶單元的代表。

但是，其實 CPU 也有記憶單元。

那就是「暫存器（Register）」！

記憶！

暫存器

CPU

暫存器？我第一次聽到。

暫存器是什麼東西？

簡單來講……暫存器猶如寫了即丟的計算紙。

在運算途中，將數值**記錄**下來！

暫存器比記憶體簡易，只是暫時的記憶。

根據不同的用途，記憶單元分為許多種類吧！

沒錯，但是真正重要的不是這些記憶單元本身，而是「過去的記憶（狀態）」變成了運算對象。

這代表，「過去的記憶（狀態）」會影響輸出結果！

能請你……講得簡單一點嗎？

舉例來說……

妳想要用自動販賣機購買飲料。

好，我要可樂！

你請客！

這只是舉例！

為了買 130 日圓的可樂，妳先投入 100 日圓，接著投入 50 日圓……因此投入金額顯示為「150 日圓」。

這個 150 日圓是先投入的「100 日圓」，與後來投入的「50 日圓」相加的結果。

販賣機須記住先投入的 **100 日圓**，再加上後來投入的 50 日圓。由此可知，**過去的記憶（100 日圓）**影響了輸出結果。

雖然我們覺得販賣機的運作很理所當然，但販賣機必須有「**過去的記憶**」，才能計算總金額啊！

如果販賣機沒有記憶單元……

我剛才投了100日圓耶！

咦！

我沒有記憶下來……

簡直是敲竹槓！
好想踹爛它！

冷靜點，暴力無法解決事情！

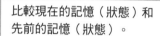

比較現在的記憶（狀態）和先前的記憶（狀態）。

(例) 今天賣了三個＞昨天賣了兩個，今天的銷售額比較好。

將上一個計算結果，和現在輸入的條件合起來，再次計算。

（到昨天為止，總共賣出六個）
＋（今天賣出三個）
＝總共賣了九個。

開心～

猶如自動販賣機的例子，電腦必須有，「記憶」電路，才可具有功能。

程式（作業指令書）也含有很多這類指令。

原來如此，記憶電路非常重要呢。

那麼……
我要去買可樂啦。

一提到可樂就想喝，單純的傢伙……

記憶電路的基礎——正反器

但是「**記憶**」**電路**的運作機制很難想像耶。
人腦的記憶機制就很複雜呀……

妳想得簡單一點啦。
電腦是只有 **0 與 1** 的世界吧？
電腦的記憶狀態只有「0 或 1」兩種。

「0 與 1」代表電壓的高低（L 與 H，參照 P.37），
若要記憶「1」，只需繼續保持「1」的狀態，如下圖所示。
這種保持資料的方式，稱為「**鎖存（latch）**」。

原來如此。
但是，一直保持「1」的狀態，很不方便……
如果接下來想記憶「0」、覆蓋記憶，可以隨心所欲地決定要保持
「**1 或 0**」的狀態嗎？

可以！
這就好像電燈若為「ON」狀態，就會一直亮著；若**開關**變成
「OFF」，則會熄滅。
記憶電路如同電燈開關，會根據某些**觸發條件（契機）**，自由切換
成 0 或 1。

正因為能**保持 0 或 1 的資料，且因某個觸發條件使 0 與 1 反轉**，這
種電路才可稱為記憶電路！

嗯……我覺得這種要求很任性……
想要保持 0 或 1，又想要使 0 與 1 反轉……

 能夠保持資料，又使之反轉的電路是「正反器」電路！
正反器（Flip-flop；FF）是記憶電路的基礎。

 正反器？好可愛的名字，但它有什麼作用呢？
※名字的由來將於 P.80 説明。

 它是非常有用的電路！首先，請看下圖吧。
為了方便理解，我們將正反器電路看成一個箱子。
這個箱子能記憶一位元的資料（0 或 1）。

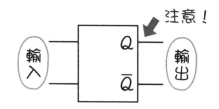

上圖的輸入不使用特別的記號來表示，因為**不同種類的正反器**，具有不同的輸入。

 嗯……輸出有「輸出Q」和「輸出$\overline{Q}$」兩種呢。

 沒錯，「輸出$\overline{Q}$」是Q值的反相（例如，Q若為 1，$\overline{Q}$則為 0）。
「輸出$\overline{Q}$」使電路設計變得非常方便，但妳先不用瞭解這點。

 好！正反器的運作機制是什麼呢？
不要只畫箱子，快點教我！

 別急，其實正反器有好幾種。
不同種類的正反器，具有不同的運作原理與電路。
而我這次要介紹的是「**RS 正反器**」、「**D 正反器**」與「**T 正反器**」。

RS 正反器

第一個要講的是「**RS正反器**」啊……
圖中的**輸入**部分標有「**R**」和「**S**」……
Rice……Sushi……是米飯和壽司嗎？

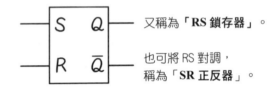

又稱為「**RS 鎖存器**」。

也可將 RS 對調，
稱為「**SR 正反器**」。

我說妳啊，第一步就理解錯誤～
「**R**」表示重置（Reset）；「**S**」表示設置（Set）。
RS正反器的特色就是使用「**重置**」和「**設置**」這兩個輸入，來完成任務。

若S（設置）＝1，則Q＝1；若R（重置）＝1，則Q＝0。
而且，一旦**輸出Q的狀態已決定**，即使將輸入換成0，輸出也不會改變，**會保持原來的狀態**。
而將S或R改成別的輸入，可使原本所保持的資料**反轉**。

嗯……所以……RS正反器判斷S（設置）與R（重置）當中，何者最後的值是1。若S是1，則記憶成1；若R是1，則記憶成0！

比較麻煩的是，**實際的電路會如下頁圖所示**。
下頁圖根據第摩根定律（參照P.60），用**NAND 電路**或**NOR 電路**來表示RS正反器。

嘿～真奇怪的形狀……兩個NAND電路（或NOR電路）變成「**八字型**」。

沒錯！這兩個電路的「**輸出與輸入會互相連結**」。

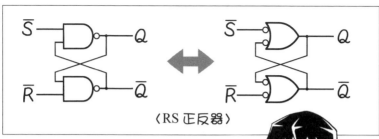

〈RS 正反器〉

輸入		輸出		運作
$\overline{S}$	$\overline{R}$	Q	$\overline{Q}$	
1	1	無變化		保持目前的輸出
0	1	1	0	設置
1	0	0	1	重置
0	0	1	1	禁止

別漏看 $\overline{S}$、$\overline{R}$ 的 反相記號喔！

RS 正反器電路靠這個八字型連結,保持「1」或「0」的狀態,這就是鎖存(latch)。
這個八字型是記憶電路的特徵！

RS 正反器真是個複雜的電路耶。
但是對照真值表,便可以大概瞭解 RS 正反器的運作。

真值表的「無變化」輸出是指,$Q = 1$ 或 $Q = 0$ 的輸出保持不變。
但是,最下面的「禁止」是什麼意思?要禁止什麼?

那是指「執行設置與重置功能的時候,輸入不可同時為 L(0)」,
若設置與重置同時為 L,其中一方變為 H 之前,輸出 Q 和 $\overline{Q}$ 兩者都會
是 1,但是輸出必須是「0 與 1」或「1 與 0」,因此這樣的邏輯電
路不能成立！這點非常重要！

原來如此,一定要遵守邏輯電路的規則呀。
遵守規則才能保持交通安全…不對,是電路安全！

D 正反器與時脈訊號

接下來要介紹「**D正反器**」吧？

下圖的輸入記號為什麼是「**D**」啊？「**三角記號和C**」又是什麼？

三角記號長得好像幽靈頭上的白布！

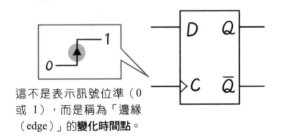

這不是表示訊號位準（0 或 1），而是稱為「**邊緣（edge）**」的**變化時間點**。

那是什麼亂七八糟的比喻啊！

D代表「**資料（Data）**」的D；

三角記號代表「**上升邊緣**」；

C代表「**時脈訊號（CLOCK）**」。

上升邊緣？CLOCK是**時鐘**的意思嗎？

沒錯！電腦必須有「**一定週期的數位訊號**」，才能配合電路動作。此種訊號就是時脈訊號！

如同時鐘的運作，時脈訊號會在一定的週期內，規律地重複L與H（0與1）。這個訊號和電路的「輸入」、「輸出」沒有關係，是獨立的存在。

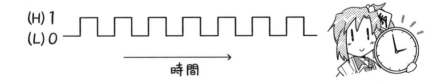

時脈訊號的概念圖

時脈訊號真的像時鐘一樣，喀嗒喀嗒地前進……
如同我們依照時鐘的刻度度過一天，電路亦需要時脈訊號。

 沒錯。當電路要開始進行某個動作，**時脈訊號**即會變成「**契機**」。
而作為動作訊號的時脈訊號，稱為「**上升邊緣**」。請看下圖！

 時脈訊號的好幾個地方，都有**箭頭的標記**耶。

 時脈訊號從 **L 變為 H**（**0 變為 1**），稱為上升邊緣；從 **H 變為 L**（**1
變為 0**），稱為下降邊緣。

上升邊緣	下降邊緣
（圖）	（圖）
CLK 從 L 變為 H	CLK 從 H 變為 L

 我好像瞭解了。
上升邊緣（**下降邊緣**）像是某種鈴聲。
這個鈴聲響起，電路才會開始執行動作吧？
好像學校的上下課鐘！

 沒錯！妳的比喻，真是貼切。

回歸正題吧。

D正反器藉由這個上升的契機，將「D的輸入（L或H）」反映於輸出Q。

變化情形如下面的「時間圖（time chart）」所示。

時間圖表示「隨著時間推移，各訊號的變化情形」。

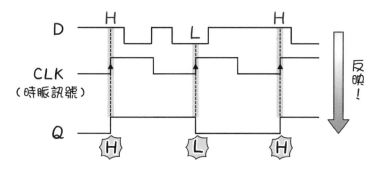

> 若不是處於上升邊緣，不論輸入D如何變化，
>
> **輸出Q皆不受影響！**

雖然有點複雜，但只要好好看時間圖便能瞭解呢。

總之，D正反器的特徵是——輸出受時脈訊號的上升邊緣影響！

不論是現代人還是電路，都需要時鐘呀……

「Flip-flop」是什麼意思？

「Flip-flop」是穿拖鞋走路、玩蹺蹺板所發出的「啪嗒、啪嗒」聲響。

猶如蹺蹺板一下子左傾、一下子右傾，記憶電路亦可使「0」與「1」啪嗒啪嗒地反轉，因此名為Flip-flop。

T 正反器與計數器

最後要介紹「T正反器」吧？
奇怪！這個正反器的輸入只有一個，是不是畫錯了？

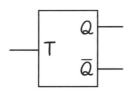

哈哈哈！本大爺怎麼可能畫錯！
T正反器真的**只有一個輸入**，非常單純。
只要輸入的**訊號位準從 0 變為 1（或從 1 變為 0）**，T正反器的輸出Q（原本保持的資料）便會**反轉**。
它的時間圖如下所示。

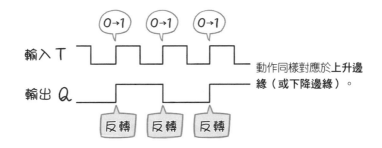

喔！簡單易懂！
雖然只有一個輸入，但確實是記憶電路。

這種「**0 與 1 的反轉**」，稱為**雙態觸變**（Toggle）。

其實，T正反器的T就是「Toggle」的意思！

另外，將多個T正反器連接起來，如下圖，便可做出計數的「**計數器（Counter）電路**」。

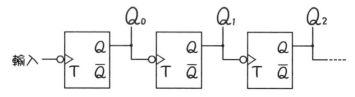

計數器電路連接對應於「**下降邊緣**」的T-FF。

如下面的時間圖所示，它具有**上數計數（Count up）**的功能。

> 計數器電路

※此圖最左邊的輸入從 H 變成 L 時，輸出會反轉；而當輸入再次從 H 變成 L 時，輸出亦會再次反轉。換言之，第一次輸入（T）從 H 變成 L 後，資料會持續向右傳遞，而輸出的反轉需等到輸入再次從 H 變為 L 時，才會再次執行，在時間上有所延遲，這種計數器稱為**非同步計數器**。然而，一般的邏輯電路是使用**同步計數器**，例如 CPU，亦即，當輸入 T 改變，各計數段的輸出會同時變化。

為什麼這樣可以計數呢？

由圖可知，輸入的反轉次數是輸出反轉次數的一半吧？

所以，**將數個T正反器相接，觀察個別的輸出結果**，便能做出如下的時間圖。

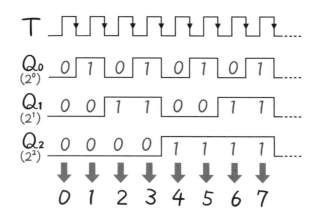

我們依照「Q_2、Q_1、Q_0 的順序」，看各輸出的「0 或 1」可知……輸出的值即為二進數。

也就是說，**每當T輸入產生變化（在這個例子中，是指下降），電路便會計數**，很有趣吧？

真的耶！

「Q_2 是 2^2 的位數」、「Q_1 是 2^1 的位數」、「Q_0 是 2^0 的位數」，輸出值各自對應不同的位數。

按Q_2、Q_1、Q_0 的順序觀察……一開始是 000（數值 0），接著是 001（數值 1），再來是 010（數值 2）、011（數值 3）……是二進數呢。

利用這個機制便能夠計數啊！真厲害。

舉例來說，三個箱子（T正反器）即能表示 2^3——八個數，計算「0 到 7」的數。

順帶一提，計數器可以和其他正反器（例如D正反器）連接，組成電路。

另外，根據組合方式，可以做出「**下數計數**」或「**上數計數**」的電路。

下數計數是指由大往小計數，例如「3、2、1、0」；上數計數則是由小往大計數，例如「0、1、2、3」，好像可以用在很多地方呢。

沒錯。正反器就說明到這裡吧。

正反器是記憶電路的基礎！所以「**記憶體（主記憶單元）**」、CPU 內部的「**暫存器**」等，都由正反器所構成。「**計數器**」當然也是以正反器做成的。

哈哈，正反器是許多裝置的基礎，真是不容小覷的電路耶！

謝謝你！
多虧你，我才能學
到這麼多。

嗯，今天所講的
只是基礎知識。

妳可別鬆懈。

沒問題！
腦袋好、記憶力超群的我，
怎麼可能學不會呢！

記憶力超群……

妳記得自己之前對
弈的所有對手嗎？

嗯～～～～～
那個嘛……

勝者是不會一一記得
喪家犬的……

妳根本記不得嘛……

3F 全天 禁

HAMBURG

不記得就不記得，
我有什麼辦法啊！

◆ 最近的電路設計是什麼？（CAD、FPGA）

　　最近多功能的IC設計，包含CPU的設計，皆採用**類似於程式設計開發的手法**，使用「**硬體描述語言（HDL** = Hardware Description Language）」來設計電路。

　　過去人們用本章所學的邏輯電路記號來設計電路，但隨著**電腦支援設計（CAD** = Computer Aided Design）技術的發達，近年來除了非常簡單的邏輯電路設計，幾乎不再使用手動設計的方法。雖然如此，瞭解這些邏輯電路記號，亦有助於理解各種系統的整體運作流程，以及它們各自的功能，所以還是有必要瞭解這些觀念。

　　早期的CPU使用僅裝入數個AND、OR、NOT邏輯電路的IC，並用這些IC試做出與CPU同等功能的電路系統，以這樣的電路來驗證是否達到所需的功能（規格），若發現功能未如預期，便需要確認設計以及**邏輯電路之間接線訊號**的連接方式，持續此程序直到CPU的鎖由規格與功能皆正確，CPU的開發才算完成。今日，這些簡單的邏輯電子電路IC幾乎已不用於開發CPU，而改用稱為**FPGA**（Field Programmable Gate Array）的IC。

如同「Programmable」的意思，
FPGA 是能夠「以程式進行修改」的 IC，
非常便利。

FPGA內部的邏輯區塊有多組具有四至六個輸入的**查表電路**（將輸入與輸出的關係像記憶體一樣，記憶成真值表）。市面上的FPGA所擁有的查表電路數量各有不同，從數百到數百萬組都有。如今，我們已能**從外部編寫這些查表電路的電路程式**。如此一來，即便使用同樣電路規模的FPGA，**也能設計出功能完全不同的IC**。

　　此外，還可以**將CPU功能區塊，組裝到FPGA的電路**。設計相同功能的專用IC並大量生產，便可壓低IC的單價，但最近FPGA的單價也逐漸降低，而專用IC的開發較耗時，所需的販賣時間較長，除非生產到數十萬個以上，否則就結果來說，FPGA反而有**成本優勢**。

第 3 章

CPU 的構造

記憶體的位址分配

那麼……

妳知道「位址（address）」是什麼嗎？

當然知道啊！是朋友的電郵地址！

不對，不是電郵地址。

在記憶體內部……

有稱為位址（address）的東西。

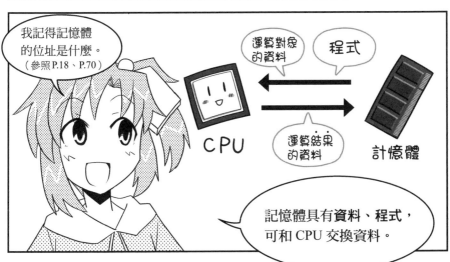

我記得記憶體的位址是什麼。
（參照P.18、P.70）

運算對象的資料

程式

CPU

運算結果的資料

記憶體

記憶體具有**資料**、**程式**，可和 CPU 交換資料。

沒錯。

記憶體儲存了「程式的指令」與「資料」。

並且根據保存位置，來分配位址（address）！

《記憶體內部》

位址	種類	
0 號	指令	程式
1 號	指令	※參照 P.101
2 號	指令	
3 號	指令	
4 號	指令	
⋮	⋮	
30 號	資料	運算對象的資料
31 號	資料	
32 號	資料	
33 號	資料	
⋮	⋮	

真的耶！
每個指令與資料都有位址（address），整理得有條不紊。

這種 CPU 直接管理的空間⋯⋯

稱為位址空間（記憶體空間）。妳要好好記住喔！

位址	種類
0 號	指令
1 號	指令
2 號	指令
3 號	指令
4 號	指令
⋮	⋮
30 號	資料
31 號	資料
32 號	資料
33 號	資料
⋮	⋮

位址空間
（記憶體空間）
參照 P.119

嗯⋯⋯
位址空間（記憶體空間）受 CPU 支配與管理⋯⋯

能隨意叫出、寫進資料。

也就是說，CPU 是黑幫老大，控制著一切！

CPU

我來支配、管理你們⋯⋯

位址空間（記憶體空間）

真是黑暗的比喻。

不過，為什麼需要位址呢？

有位址的號碼比較方便嗎？

哼⋯⋯妳不知道嗎？

因為這樣便可用號碼來指定所需的資料呀。

CPU 以位址來指定所需的資料與程式⋯⋯

以便叫出它們！

給我83號！

好的！

用號碼傳訊啊！

位址指定

CPU

記憶體

雖然號碼容易理解又便利⋯⋯

但我總覺得太像機械，冷冰冰的⋯⋯缺少人情味⋯⋯

CPU 本來就是機械啊。

91

資料的通道：匯流排

講完位址，我順便說明「匯流排（bus）」吧。

Bus？

沒錯，共乘巴士（Omnibus※）是匯流排（bus）的語源。

匯流排（bus）是指電腦的**資料通道**。

※原本是共乘馬車的意思。

如右圖所示，指定位址的匯流排，稱為「**位址匯流排（Address Bus）**」。

○號 △號

位址匯流排

資料匯流排

CPU

資料 資料

記憶體

交換資料的匯流排，則稱為「**資料匯流排（Data Bus）**」。

原來如此，這兩個具有完全不同的目的與路線。

此外，還有「**外部匯流排**※」、「**內部匯流排**※」。

※外部匯流排：External Bus
※內部匯流排：Internal Bus

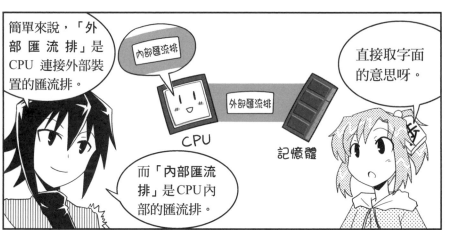

簡單來說,「外部匯流排」是CPU連接外部裝置的匯流排。

內部匯流排

外部匯流排

CPU

記憶體

直接取字面的意思呀。

而「內部匯流排」是CPU內部的匯流排。

內部匯流排具有可切換通道的⋯⋯

多工器(MUX)

A B

Y

A至Y的通道

A B

Y

B至Y的通道

多工器(MUX)。

使用多工器,便能簡化CPU內部匯流排的配線。

真的非常便利!

多工器使配線更精簡啊!

我理解了!

93

匯流排寬度與位元數

 我來詳細說明「匯流排」吧。
我剛才說匯流排是「資料通道」，但其實它是將訊號線捆成一束。

 你有提過，訊號線（參照P.56）是流通「0或1（L或H）」電力訊號的線。

 沒錯！不同的訊號線數量，能夠表示不同數字。
舉例來說，若有四條訊號線……
因為訊號線每條的分量不同，即可表示成下圖「四位數（四位元）的二進數」。

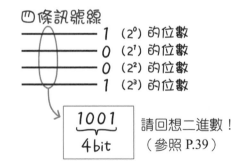

 簡單來說，「訊號線的數量＝位元數」。
若有四條訊號線（四位元），即能表示 2 的四次方——十六個數值，例如從「0000（數字 0）」到「1111（數字 15）」的數值。

哇！這好像非常重要耶！
訊號線（位元數）越多越划算嗎？
能表示**大數（多位數）**，一次能處理的資料便越大吧。

呵呵呵，妳的理解力不錯，沒錯，就是那樣！
訊號線的數量（位元數），稱為「**匯流排寬度（Bus Width）**」。
匯流排寬度越寬（位元數越多），CPU的處理能力越高。

下圖是一次執行四位元（四位數）運算的**ALU**，
由圖可知，連接ALU的**資料匯流排寬度**亦是四位元。

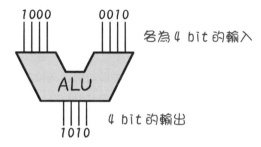

雖然上圖以簡單的四位元為例，但最近的 ALU 已可連接「**六十四位元**」。根據 ALU 處理的數據寬度（例如六十四位元），來調整資料匯流排寬度較合理，所以就結果而言，資料匯流排寬度大多為「六十四位元」，我們經常聽到的「**六十四位元CPU**」就是這個意思。

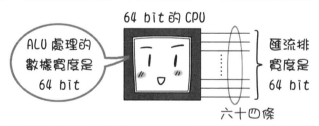

其實，CPU的位元和資料匯流排寬度**未必相同**。有些一九八二年代的十六位元CPU，明明ALU是十六位元，資料匯流排寬度卻是八位元，因此，CPU讀取資料必需經由資料匯流排，從記憶體中拿取兩次資料。

哈哈。簡單來說，**根據匯流排的寬度，可以判斷CPU的處理能力**，而資料匯流排寬度越寬，處理能力越好！

資料匯流排寬度，可以用下面的方式來理解。

由連接 CPU 與記憶體的「**外部資料匯流排寬度**」，可知 CPU「**一次能夠交換多少位元（多少位數）的資料**」。

由連接 CPU 內部 ALU 輸入的「**內部資料匯流排寬度**」，可知 CPU「**一次能夠運算多少位元（多少位數）**」。

OK！
資料匯流排寬度的大小真的非常重要，我瞭解了！

此外，由「**位址匯流排寬度**」，可知 CPU「**能夠處理多少位元（多少位數）的位址**」！位址空間（參照 P.90）的大小，也是由位址匯流排寬度來決定。

位址空間的大小是什麼？是指有多少位址的意思嗎？
例如，四位元（四位數）的位址數是 2 的四次方——十六個。

對。假設位址匯流排寬度是三十二位元……
表示有 2 的三十二次方＝ 4,294,967,296（約 4.3GB）的位址。
這時會以三十二位元，或約 **4.3GB** 來表示「位址空間的大小」。

若位址匯流排寬度為 **32bit** ……
表示有
$2^{32}=$ 約 4.3GB 的位址

此外，位址匯流排寬度（位址空間的大小）與能夠處理多大的記憶體容量有關。

※記憶體的容量與匯流排寬度，將於下頁說明。

呵呵呵，位址匯流排寬度也非常重要，一樣是越寬越好！

 妳真是貪心……
不過，**資料匯流排寬度**和**位址匯流排寬度**，在某種程度上，的確是
越寬越好。

記憶體的容量與匯流排寬度

我們來討論記憶體的容量與匯流排寬度（位元數）吧。

舉例來說，假設一個位址分配到 **1 Byte** 的資料，如下圖。**1 Byte**
（一位元組）有八位元，是**資料大小**的單位。

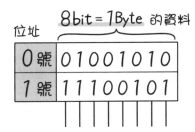

一次傳輸 8 bit（八位元／八位數）的資料，
需要使用 8 bit 的資料匯流排。

在這個情況下，若位址空間（位址匯流排寬度）是十二位元，則位
址有 2 的十二次方——四千零九十六個。一個位址分配到 1 Byte 的資
料，所以**能夠處理的記憶體容量上限**為 4096 Byte，約 4K Byte。

R／W 控制與 I／O 控制

我接著來說明**控制訊號**吧。
妳知道「**R／W**」的意思嗎？

「R／W」……是紅與白嗎……紅白歌謠大戰？

不是啦。
這是非常重要的專有名詞。
「R（Read）／W（Write）」是指「**讀取／寫入**」。

讀取是指取出保存的資料；寫入是指將資料寫入並保存。
另外，也可表示成「Load（載入）／Store（儲存）」。

「Read／Write」和「Load／Store」的差異是什麼？

「Read／Write」是硬體的表示方式；
「Load／Store」是軟體的表示方式。

「R／W」是針對記憶體的**電力動作**（讀取／寫入），不會在意讀出的資料被帶去哪裡，也不在意該筆資料在哪裡寫入。

另一方面，「Load」是將讀取自記憶體的資料，移動到CPU的暫存器中；「Store」則是從CPU的暫存器，將資料移動至記憶體，必需注意**資料的流向**。

啊！我理解了。
CPU會和記憶體進行**資料交換**，例如叫出資料、儲存運算的結果。

沒錯！妳有好好記住嘛。
CPU會對記憶體下達**讀取**或**寫入**的指令——**讀取**資料或**寫回**資料。
這就是「**R／W控制**」的控制訊號。

匯流排不只有「**位址匯流排**」與「**資料匯流排**」，還有「**控制訊號※**」！

※傳遞控制訊號的匯流排，稱為「**控制匯流排（Control Bus）**」。

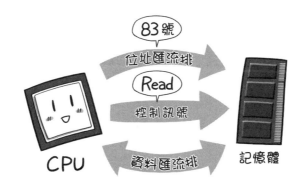

如果「想要 83 號的資料」……
位址匯流排便會傳遞「83 號」；**控制訊號**則傳遞「Read（讀取）」！
傳送實際資料則需要**資料匯流排**。

沒錯，妳清楚地理解了。
那麼，妳知道「**I／O**」的意思嗎？

我想……是「Ice cream（冰淇淋）／Oishii（好吃）」的意思嗎？

妳不要亂猜。

「I（Input）／O（Output）」是「**輸入／輸出**」的意思。

輸入是指，資料從外部送入電腦；
輸出是指，資料從電腦送往外部。

我瞭解了。

鍵盤、滑鼠是「**輸入裝置**」；螢幕、印表機是「**輸出裝置**」，這就是Input和Output！

對。外部裝置的**控制訊號**，是「**I／O控制（I／O訊號）**」。

另外，妳也記住「**I／O埠（輸入輸出埠）**」的意思吧。

埠（**Port**）是港埠的意思，意指與外部交換資料的窗口。

經由I／O埠，**CPU與外部裝置（鍵盤等）即可直接連接**！概念如下圖所示。

※順帶一提，螢幕通常沒有和 CPU 直接連接，請參照 P.113。

直接連接！

I／O埠

CPU

鍵盤

鍵盤、滑鼠以
USB 連接器，
連接I/O埠。

埠所連接的另一端，似乎是一望無際的世界，
埠搭起內部與外部的橋樑。

沒錯。

CPU和記憶體之間有「**位址埠**」與「**資料埠**」，分別連接位址匯流排、資料匯流排。

※ CPU 概念圖（參照 P.106）含有位址埠、資料埠、R／W 控制、I／O 控制。

指令由運算元和指令碼構成

（參考 P.90）

這個

0 號	指令
1 號	指令
2 號	指令
：	：

我想問問題……

一開始你給我看的記憶體內部圖，不是有「指令」嗎？

指令聽起來好像很偉大，但它到底是什麼？

我很在意！快點給我招來！

妳下什麼指令啊！

這樣說吧，將人類所賦予的程式，轉換成 CPU 容易理解的形式，即是「指令」。

| 指令 |
| 指令 |
| 指令 |
| ： |

程式
（作業指令書）

所以，程式又可以看成連續的指令。

啊……程式就像蛋糕食譜，

「打蛋」、「將蛋與砂糖混合」等，便類似連續的指令。

對。
指令的構造如右圖。

將 **2** 和 **3** 相加。
運算元　指令碼

由運算對象的「運算元」，
以及「指令碼（運算碼）」
構成。

各種指令碼

做比較

保存到⋯

跳躍到⋯

其實除了「相
加」等運算，還
有各種指令。

哇一

※指令的種類將於第 4 章說明。

總之，「指令」就
是指示「某物」去
「做某事」。

另外，**運算元**可以
是位址指定。

運算元是位址指定！
將 30 號的資料和 31 號
的資料相加。

※後面會説明「**累積器**」、「**特定暫存器**」也可以作為
　運算元。

我懂了！

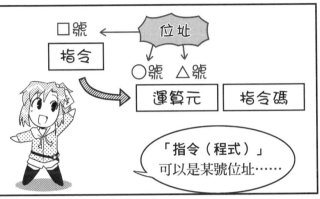

□號 ← 位址

指令

○號 △號

運算元　指令碼

「指令（程式）」
可以是某號位址……

這個指令的「運算元（運算對象的資料）」也可以是○號、△號的位址。

仔細一想，這根本就不難呀！

用號碼來管理……真是合理又有效率的方式！

妳不是說沒人情味嗎？

運算所需的暫存器

接著，我要說明，「相加」的指令……

必須有某物，才能執行……

用

力！

那就是——
暫存器
（register）！

我記得！暫存器是 **CPU** 的簡易記憶單元（參照 P.71）。

像筆記本一樣。

沒錯。妳必需先知道下圖的兩個暫存器。

累積器（Accumulator）
計算並累積數值

算術

通用暫存器
可廣泛用於各處

都可以

「累積器※」就像計算專用的計算紙，是運算必備的工具。

「通用暫存器」除了計算，也可以用於其他地方。

運算會大量使用暫存器！

嗯？怎麼說呢？

以「○號的資料和△號的資料相加」為例，指令的執行步驟如下頁所示。

資料一定會暫時存於暫存器。

※累積器：Accumulator

將「〇號的資料（數字2）」**存到累積器**；
將「△號的資料（數字3）」**存到通用暫存器**。

接著，在 ALU 執行**加法**。

最後，
「運算結果的資料（數字5）」會自動**存到累積器**。

哇～
到處都用到暫存器耶！

雖然有些複雜，但這就是 CPU 啊！

暫存器還有其他種類。

例如，「指令暫存器」是將讀取自記憶體的指令（程式），暫時保存起來的暫存器。

CPU 內部

指令（程式）

記憶體

解讀※這道指令，再執行運算。

※參照 P.109。

嗯，有各種用途的計算紙……啊！是暫存器啦！

我將學到的知識記在收據的背面吧！

那種計算紙好像很快就會弄丟唷。

105

② CPU 處理指令的步驟

■ 傳統 CPU 的構造

接著，我終於要說明「CPU 的構造」了。

妳看！這就是傳統的 CPU 構造！

翻
開

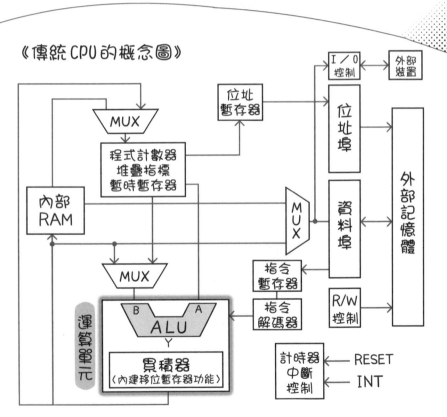

《傳統CPU的概念圖》

I／O控制 ── 外部裝置

位址暫存器

MUX

程式計數器
堆疊指標
暫時暫存器

位址埠

內部 RAM

MUX

資料埠

外部記憶體

MUX

指令暫存器

指令解碼器

R/W控制

運算單元

B ALU A
Y

累積器
〈內建移位暫存器功能〉

計時器
中斷
控制

RESET

INT

※此圖將「匯流排」簡化成一條線。

啊！茶杯裡的茶葉莖豎起！好像會有好事發生喔！

妳不要逃避現實！

CPU 處理指令的步驟

嗯～有好多聽不懂的名詞……

「程式計數器」是什麼？

MUX

這個！

程式計數器
堆疊指標
暫時暫存器

跟「程式」兩字放在一起，感覺很重要……

我的直覺告訴我，「程式計數器很重要」，這是正確還是錯誤，請解題！

為什麼突然出謎題！而且還要我來回答？

程式計數器（簡稱 PC）的確非常重要。

這是所有CPU都必備的裝置，它會記憶「下一道指令執行的位址（address）」。

107

接下來……

記憶體會將位址指定的「指令」，送到 CPU。

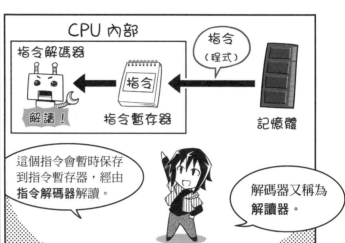

CPU 內部

指令解碼器

解讀！

指令暫存器

指令（程式）

記憶體

這個指令會暫時保存到指令暫存器，經由**指令解碼器**解讀。

解碼器又稱為**解讀器**。

為什麼需要解讀呢？直接使用記憶體的資料不行嗎？

不行。

其實，「記憶體指令的機器語言」和「CPU 的控制訊號」不同。

為了依照來自記憶體的指令碼，執行運算處理，指令解碼器會在**內部運作，使與 CPU 硬體連接（切換）**。

指令解碼器

過程好繁瑣……

換言之，指令解碼器會「將讀取的指令碼，轉換成**實際執行所需的控制訊號**」。

109

解碼器所進行的指令解讀⋯⋯請看右圖！

鏘——！

指示某物
運算元

做某事
指令碼

由圖可知什麼是「運算元」和「指令碼」！

接下來的步驟和之前所學的一樣吧！

（參照 P.103）

接下來會使用累積器，在 ALU 運算吧！

沒錯。

CPU 內部

ALU

運算結果的資料

保存！

資料
累積器

記憶體

運算的結果最終會保存於暫存器或記憶體。

而要保存到記憶體，需要指定位址。

哈～總算完成了一道指令呢……

對。
整理一下重點，

CPU 執行指令（程式）的時候，會反覆下面的步驟。

《CPU 處理指令的步驟》

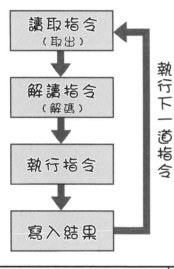

讀取指令
（取出）

↓

解讀指令
（解碼）

↓

執行指令

↓

寫入結果

執行下一道指令

一道指令執行完畢，緊接著又是下一道指令，真是辛苦……

反正，指令算是完成了，我們來慶功吧！

我話先說在前頭，課程還未結束喔。

以程式計數器改變指令

 嗯……不過，CPU概念圖中（參照P.106）……
還有很多我不瞭解的名詞，讓我的內心不太舒暢。

 別急，等下一次的課程結束後，妳再回過頭來看。
我先來說明剛才提到的「**程式計數器**（Program Counter；PC）」
吧。

 它總是思考下一步棋……不對，總是記憶「**下一道指令的位址**」
吧！
它稱為**計數器**（參照P.82），所以和**計數**有關囉？

完成 7 號的指令，接著是 8 號，再來是 9 號……程式計數器會這樣
改變記憶的位址號碼嗎？

 大致上沒錯。另外，**計數（號碼切換）的時機是「指令存到指令暫
存器的時候」**，請看下圖。

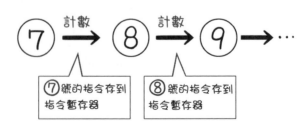

請注意！
這並不代表「7 號」的下一個必定是「8 號」。

程式計數器是記憶「下一道指令要執行的位址」。
7 號的下一個可能突然跳到「15 號」，也可能返回「3 號」。

為什麼？
為什麼位址的號碼會亂跳？

妳注意聽喔！
為什麼位址會跳來跳去……
是因為程式根據條件來判斷的結果，可能會造成「**分歧**」或「**反覆**」！

遇到這種狀況，下一道執行指令的位址**數值便會跳躍（jump）**。
看下圖較容易想像。

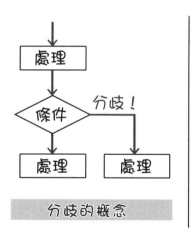

分歧的概念

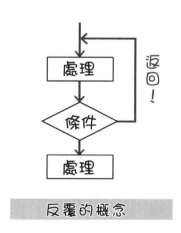

反覆的概念

啊！這就是銀行ATM的比喻嘛！（參照P.26）
判斷結果為「餘額不足」，動作即中斷；
判斷結果為「密碼錯誤」，則會返回上一個畫面。

沒錯，正是ATM的概念！

為了做到「分歧」、「反覆」的動作，程式計數器需將下一個記憶位址（address），**寫成跳躍位址。**

這樣啊。

只要改寫程式計數器的記憶，便能改變指令！

程式（指令）便是依這種方式確切執行。

另外，基本上，**程式計數器的位元數（PC所表示的位址位元數），** 和位址匯流排的位元數相同，也和位址空間的位元數相同（參照P. 96）。

妳冷靜想想它們的意義，就會知道相同位元數（位數）是理所當然的事吧？

就電腦使用的CPU而言，在Windows等OS執行的應用程式，程式設計師不會考慮位址計數器的位元數。記憶體的讀取、寫入（存取）是由OS所管理的**虛擬記憶體**來掌控。而負責對應虛擬記憶體和實體記憶體的硬體，稱為MMU（記憶體管理單元，Memory Management Unit）。

原來如此，很好懂呢。能夠融會貫通，真是令人高興！

不過……程式計數器是只記憶「下一步」的計數器，而棋士會往前讀好幾步棋，所以程式計數器和棋士有著微妙的不同！

微妙的不同……就這樣？這就是妳的結論？

③ 各種記憶單元

請妳回想一下…

文化祭那天，我說過的話……

（參照 P.18）

記憶單元分為兩種……

主記憶體
（主記憶單元）
簡稱為記憶體

「主記憶體」和「輔助記憶單元」，CPU 的主記憶體特別重要。

怎麼了？

其實，「輔助記憶單元」也很重要喔！

Hard disk drive
HDD

輔助記憶單元的代表是 Hard Disk Drive（HDD），亦即硬碟！每台電腦一定都有硬碟！

那是什麼遲來的重點呀！

硬體和記憶體的比較

 突然出現的重點嚇到我了，那個像銀色小便當盒的東西……
硬碟（輔助記憶單元）是什麼啊？

 我們對照記憶體（主記憶單元），來說明硬碟吧。
先介紹硬碟的第一個特徵！
關掉電腦的電源，存於記憶體的資料會消失，
而存於硬碟的資料不會消失。

所以，驅動電腦的 OS（例如 Windows）、各種軟體程式、製作或
下載的資料（文章、圖片等），**都會保存到硬碟。**

 天啊！多麼令人震驚的發言呀！
但是，你不是說「運算對象的資料、程式」是保存在**記憶體（主記
憶單元）**嗎？

 對，但那是指電腦開啟後，**才從硬碟複製「一部分資料」到記憶
體。總之！關掉電源還能持續保存所有資料的，只有硬碟。**請看下
圖。

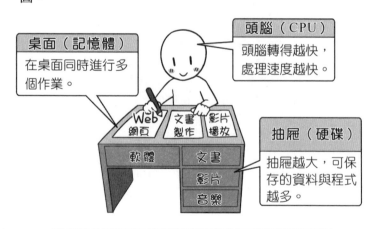

CPU、記憶體、硬碟的功能示意圖

上頁圖是表示CPU、記憶體、硬碟功能的示意圖，以「記憶體像桌面；硬碟像抽屜」來比喻，很容易看出差異吧。

真的不一樣耶！記憶體越大，**資料越容易處理**；硬碟越大，可保存的資料越多。

我接著介紹硬碟的第二個特徵吧。
記憶體可以直接讀取自CPU，
而硬碟無法直接讀取自CPU。

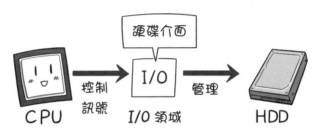

CPU不是直接管理硬碟！

CPU會將控制訊號傳到I／O領域（參照P.121）的「硬碟介面」，
藉由這個硬碟介面管理硬碟。

我們操作電腦時，能夠自由使用硬碟的資料，所以可能搞不懂這一點，但整個機制其實就如上圖所示。

硬碟不存在於CPU直接管理的空間——位址空間（記憶體空間）！

只有記憶體和I／O領域（參照P.100）能和CPU進行資料交換。
所以，你才會說記憶體尤為重要呀。

最後是硬碟的第三個特徵！
記憶體的處理速度比硬碟快！

電腦設有各種記憶單元，比較它們的「記憶容量」和「處理速度」，可整理成下圖的金字塔。

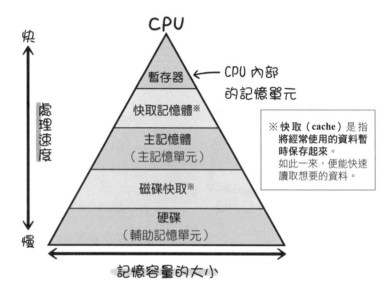

※快取（cache）是指將經常使用的資料暫時保存起來。
如此一來，便能快速讀取想要的資料。

 越接近CPU，處理速度越快、記憶體容量越小；
越遠離CPU，處理速度越慢、記憶體容量越大！

 沒錯，舉例來說，「暫存器」的處理速度快但記憶容量小，
可以想成簡易的計算紙。

 我瞭解記憶體和硬碟的差異了。
它們雖然同樣是「記憶單元」，功能卻完全不同。
且因為功能不同，所以才能運用各自的特徵，相輔相成。

 順帶一提，最近筆記型電腦逐漸以全半導體記憶體、功能同於HDD
的**SSD**（Solid State Disk），來代替機械式HDD，已不需擔心震動
等衝擊造成HDD故障。

RAM 領域、ROM 領域與 I／O 領域

我來說明「位址空間（記憶體空間）」吧。
妳還記得我之前說的嗎？

啊，我記得。位址空間是受CPU支配的黑暗空間……啊，不對……
是「**CPU直接管理的空間**」吧？（參照P.90）

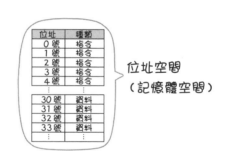

沒錯。正確來說，「位址空間（記憶體空間）」是 **CPU** 所管理的整個外部記憶體空間。

嗯？整個外部記憶體空間？有點複雜耶。
除了「**主記憶體（主記憶單元）**」，還有其他的記憶體嗎？

對。其實，連接位址空間的外部記憶體，分為「**RAM（讀寫的記憶體）**」和「**ROM（唯讀的記憶體）**」！
亦即，記憶體空間包含「**RAM領域**」和「**ROM領域**」，這點很重要喔。

RAM 領域
(Random Access Memory)
- 能夠讀取、寫入
- 關掉電源，資料便會消失
  (例) 主記憶體

ROM 領域
(Read Only Memory)
- 只能讀取
- 關掉電源，資料仍可保存下來
  (例) BIOS-RoM

※參照 P.132

RAM領域？ROM領域？這是什麼東西啊？
RAM 領域是你介紹過的主記憶體（主記憶單元），能夠讀寫，但關掉電源，資料便會消失……

但是，**ROM領域**是什麼啊……
關掉電源仍能保存資料，但只能讀取的記憶體（記憶單元）。有這種位址空間嗎？這傢伙的真面目到底是什麼？

妳可能不認識ROM領域，但它就位於電腦的母板。
ROM領域寫入了「**使CPU踏出第一步的程式**」——**BIOS**。

這樣啊……若沒有踏出第一步，電腦就只是個箱子。
因為這些資料是絕對不能忘記的記憶，所以才會寫入資料不會消失的ROM領域！

BIOS是什麼？
ROM領域設有BIOS（Basic Input/Output System）這種極基礎的程式。
BIOS通入電源，便會檢測電腦內部的各裝置是否正常，接著啟動硬碟中的OS（例如Windows）。

相較於「**RAM領域和ROM領域**」，下圖的「**I／O領域**」空間顯得很小。

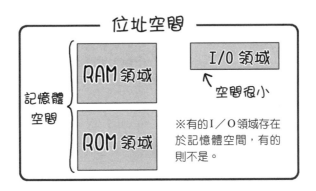

我有聽過I／O，是「**輸入／輸出**」的意思（參照P.100）。

沒錯。「I／O領域」設有「**I／O埠（輸入輸出埠）**」。
經由I／O埠，**CPU可和外部裝置（例如鍵盤）直接連接**。

按下鍵盤，電腦會馬上反應，即是多虧這個機制。

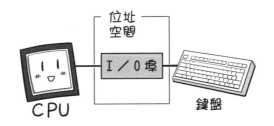

不愧是CPU！
CPU利用位址空間，使外部裝置受CPU管理。
總之，位址空間包含了各式各樣的領域！我瞭解了。

④ 中斷是什麼？

如同電話，電腦也會「中斷」本來的作業。

重要的電話必須中途插進來，因此本來的作業必須中斷。

原來如此……的確是這樣。

必須優先處理的事件應該中途插進來。

因為被我扶著過馬路的老人可能會希望我繼承他的巨額遺產而打電話來！

那是什麼樂觀的想法啊，已經超過妄想的程度了！

也就是說，電腦有中斷功能……

作業A
做菜

作業B
電話

便可使多個作業更有效率地進行。

以電腦來說，即使 CPU 在執行某個運算處理，

若鍵盤或滑鼠有所動作，電腦仍會馬上有反應※吧？這就是因為電腦有中斷的功能。

啊！我從來沒有因為有某個動作「正在處理」，而被電腦忽視耶。

※配合外來的訊號調整步調，稱為「同步」。

另外，因為有中斷的功能，

電腦才能集中處理本來的作業（例如計算）。

例如，若 CPU 頻繁地監視「鍵盤有無鍵入」……

〈**沒有**中斷功能的情況〉

CPU

計算無法繼續……

按鍵按下了嗎？

按下了沒？

按下了沒？

鍵盤

明明就沒有動作……

妳看，多麼徒勞啊！

〈**有**中斷功能的情況〉

喔！

按鍵按下囉！

作業效率差這麼多啊……

另外，
等中途插入的
工作完成……

CPU會恢復原運算作業的機制也很重要。

亦即，電腦會將「計算到一半的數值、程式計數器的值」，暫時記在某處。

暫時
記一下

- 390
- 77 號
……等

嗯，
我瞭解了。

即使中斷做菜，我也不希望處理到一半的食材不見。

沒錯。

我也不想忘記自己煮到哪個步驟。

那麼，接著……

針對中斷功能，

我

你會說清楚吧！

被中斷了啦！！！

堆疊與堆疊指標

為了在完成中途插入的作業後，能回到原作業，電腦必須有暫時記憶的計算紙，因此電腦具有「**堆疊**」的功能。

這是將主記憶體的一部分，當作記憶單元的功能。
這種保存方式較奇特，如下圖所示：

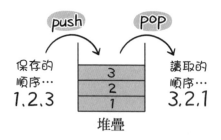

存入資料稱為
推入（push）

讀取資料稱為
彈出（pop）

這真是有趣的記憶單元耶！
先像書本一樣往上疊，再由上往下，按照順序讀取，而
沒辦法直接讀取疊在下面的資料。

沒錯，**堆疊指標**（**Stack Pointer；SP**）的暫存器，會記憶「**最後操作的堆疊位址**（**address**）」。

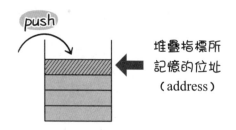

堆疊指標所
記憶的位址
（address）

原來如此。「程式計數器」是記憶**下一步動作的位址**；而「堆疊指標」則是記憶**最後動作的位址**。

堆疊功能必須靈活運用「堆疊指標」，可是……中途插入一個作業倒還好，若中途插入大量作業，堆疊的資料會不斷累積，變得愈加複雜……

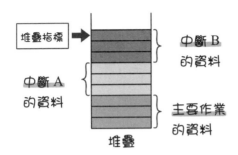

「暫存被中斷的資料」是由「累積器、狀態暫存器、程式計數器」執行的。（狀態暫存器將於P.163說明）

 哇！我一頭霧水！

 當程式有錯誤（Bug）、無法應付太多個中途插入的作業，堆疊指標便會管理不來，可能造成程式故障。
這是因為寫程式的人，沒有做好堆疊指標……

 啊！你有設計過會故障的程式嗎？

 CPU的中斷功能非常有用，但若沒有做好堆疊指標，程式可能會故障。
好，這個話題到此結束！

 你曾經設計出不良的堆疊指標啊？
是嗎？

 哈哈哈哈！我只是敘述常見的狀況，妳可別誤會！

 我接著說明**中斷優先度**吧。
假設妳「做菜」做到一半，有「電話」中途插入，而講電話講到一半，又有「訪客」來訪，這時妳該怎麼辦？

 咦？太巧了吧！我實在是應付不來。
拜託別這樣不斷插進來啊～

 呵呵呵，沒錯吧。
這種時候，需要便利的「**中斷遮罩（Interrupt Mask）**」功能！
使用這個，就可以**不用受理中斷**。
遮罩（mask）有蒙面、藏起來的意思吧？
※設定中斷遮罩，將於 P.191 說明。

 喔～使用遮罩就能防止各種打擾了！

 但是，請不要疏忽大意喔，即便使用遮罩，還是會有強制中斷的指令——**重置**。

重置是優先度很高的中斷指令。重置沒有辦法被遮罩，它是特殊的中斷輸入。

 重置！這個名詞的確散發著「多說無益」的感覺呢。
遊戲機也有重置鍵，簡單來說，就是**「使機器回復初始狀態」**。不管三七二十一，直接回復！

沒錯。另外，遊戲機與電腦開啟電源後，都會從初始狀態開始運作吧？

這是因為**開啟電源的CPU，會先重置**。

重置能夠初始化程式，使內部電路回復初始狀態。
因此電腦才能順利甦醒——**正常啟動**。

哇～重置是強制性的，雖然有點恐怖，但卻是重要的功能。
※重置的執行動作，參考 P.138。

此外，CPU還有強制性較低，但同樣**無法遮罩的「優先順序最高的中斷輸入」**。

這個「不可遮罩（只能受理）的中斷輸入」，稱為**NMI**（Non Maskable Interrupt）。「中斷」有助於系統構築，使用方式多樣，是非常便利的功能。

哈哈……
中斷有許多種使用方式，真是深奧耶。

另外，CPU還有「**計時器中斷**※」的功能。
意指當**下數計數器**（倒數的計數器）的值變為 0，即會發生中斷，具體來說，就是這種感覺……3、2、1、0，中斷！
使用計時中斷，便能**每隔一段時間，執行事先設好的程式**。
※計時器中斷，參考 P.136。

啊！我知道計時器中斷。
我執行「睡眠」作業的時候……每隔二十四小時，在早上七點鐘，便會執行響鈴的程式。強行中斷我的好眠！

那是鬧鐘吧！

今天辛苦你了！

話說回來，妳從我這裡奪去的 SS，有好好保管吧？

SS？

那是非常重要的東西。

那個黑黑的電腦？放心！

我有好好把它墊在將棋盤下面！

當作墊子！

像這樣！

妳竟然這樣對待它！

開玩笑啦。我有把它安置好，等你教完 CPU，我就會還給你。

如果你這麼擔心，明天可以來我家看看啊。

幸好，真是的，妳實在是……

咦？

你看嘛，前幾天我們在快餐店上課，今天在蛋糕店，一直吃東西，熱量會太高！

每次都去餐廳，很浪費錢啊！

明天是星期日，若你來教我CPU，我可以請你喝杯茶喔。

哼，我恭敬不如從命吧。

變裝

讓我來打掃妳房間的每個角落！

不論多麼小的塵埃，我都不會放過！

家庭主夫？

你要來我家做什麼？我只是要你來教我CPU啊！

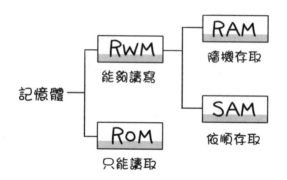

補充

◆ 記憶體的分類
. . . .

ROM是「Read Only Memory」的簡稱，即使沒有供應記憶體電源，也能繼續保存資料，但只能讀取該筆資料。

另一方面，**RAM**是「Read Access Memory」的簡稱，不受限於位址的順序，能夠隨機指定位址，以讀取、寫入資料。有些人會以為「ROM和RAM」是相對的，但事實並非如此。

如上圖所示，與RAM相對的是**SAM**（Sequential Access Memory），這是過去用於磁帶、磁鼓（magnetic drum），按照記憶體位址順序來讀寫的記憶體。與ROM相對的則是**RWM**（Read Write Memory）。

即使沒有供應電源，也能**繼續保存寫入的資料**，等到再次供應電源時，即可讀寫原資料的記憶體，稱為「**非揮發性記憶體（Nonvolatile Memory）**」。與此相對，停止供應電源（切斷電源），**記憶資料便會消失的記憶體**，稱為「**揮發性記憶體（Volatile Memory）**」。

最近，我們則稱揮發性記憶體為「**RAM**」；非揮發性記憶體為「**ROM**」。

◆ Ｉ／Ｏ埠與 GPU

　　若I／O（輸入、輸出）裝置沒有和CPU的暫存器、ALU連接，**外部的輸入即無法傳遞到CPU。**

　　外部的輸入不單指以鍵盤輸入的文字，還包括電力訊號。此外，若不將運算結果的電力訊號，以「閃爍 LED」等方式輸出，電腦就無法和人類互動。

　　因此，與連接外部記憶體的原理相同，內部匯流排會藉由 **Ｉ／Ｏ埠（輸入、輸出埠）**，連接外部裝置。

　　我們平常使用的電腦輸出單元——電腦螢幕，其實大多沒有和運算中的CPU**直接相連。**

　　螢幕畫面是利用**GPU**（Graphics Processing Unit，**圖形處理專用的運算IC**），做出圖像並顯示出來。而內含GPU的大型系統專用CPU，即設有**GPU專用的Ｉ／Ｏ埠。**

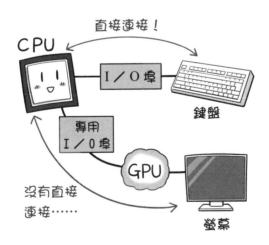

　　除了電腦的大型系統，配備彩色**LCD**（**液晶螢幕**）顯示器的機器，CPU仍會經由I／O埠，將資料傳給LCD控制器，接著，**LCD控制器與驅動器再輸出畫面。**

◆ 時脈頻率與準確度

操作 CPU 當然需要電源。此外，「時脈（時脈頻率；Clock Frequency）」這種在一定週期內，重複H位準和L位準的訊號也是必要的。順帶一提，「頻率」是指波（訊號）每秒重複的次數。

時脈訊號扮演著「CPU 心臟脈搏」的角色，如要驅動CPU內部的電路（例如，將資料鎖存到 ALU、推進程式計數器的區塊※），時脈訊號是不可或缺的。

※區塊是指為了實現某功能所集結的資料塊。

時脈的單位是Hz（赫茲），表示「**每秒能夠重複幾次時脈動作**」，例如，40MHz表示每秒重複四千萬次時脈動作。

Hz值（時脈速度）與CPU的性能有很大的關係。CPU的每個時脈都能執行若干動作，所以**Hz值越高，時脈速度越快，CPU的處理能力越優異**。

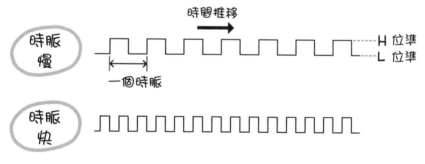

在相同的週期內，時脈的次數可能不同！

另外，時脈動作的實際波數（訊號數）有多符合設定好的頻率，此正確性的程度，稱為「**準確度**」。

若你將電腦作為通訊裝置運用，而兩個通訊機器之間所連接的訊號線，用來當作基準的時脈不同時，即會發生時序（Timing）不合的情形。

◆ 時脈產生器

產生時脈的電路（振盪器），稱為「**時脈產生器（Clock Generator）**」。

一般來說，**CPU 的內部**會有時脈產生器區塊，但也可以「**由外部振動的時脈訊號**」來輸入。

CPU **內建**的「電子振盪器（時脈產生器的放大器＋石英振盪晶體＋電容與電阻）」由多個零件組成，而不只是一個單獨的裝置，所以時脈**準確度低**。無法提升 CPU 臨界速度也沒關係的情況，或是不注重與其他裝置交換資料的裝置，才會使用時脈準確度底的電子振盪器。

而**外部**的振盪器因為不是由多個零件組成，而是一個完整的裝置，所以能夠產生**高準確度**的時脈訊號。因此，通訊機器等較要求通信訊號頻率準確度的情形，使用外部振盪器較合適。

〈石英振盪晶體是什麼？〉

時脈產生器是可將**訊號放大的電路**（放大器，Amplifier）。
它藉由連接**石英振盪晶體**、電容（儲存、放出電力的電子零件）等零件，產生一定週期的訊號。

石英振盪晶體內部裝有**石英片**（切自人工石英，薄而小的石英碎片）。
將石英片連接兩個電極，施加電壓，石英便會變形。石英在兩電極之間轉換電壓的方向，便能**產生規律的振動**，時間間隔準確。

石英振動晶體用於電腦、手機與
時鐘等，需要**準確時間間隔**的裝置。
石英錶（Quartz Clock）的「quartz」
即是石英的意思。

◆ 計時器中斷

利用CPU內部的下數計數器，在計數器的值變為 **0** 的時候，產生中斷，這種功能稱為「計時器中斷（**timer interrupt**）」。

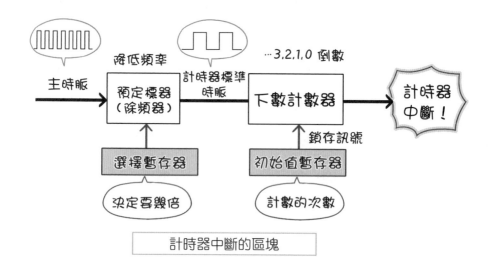

計時器中斷的區塊

〈計時器中斷的步驟〉

首先，根據CPU的指令，**決定要以多少倍的主計時器週期為標準**……將這個「多少倍」的值，寫入選擇暫存器（select register）。決定主計時器為多少倍的是「計時器標準時脈」。

接著，**決定這個計時器標準時脈要在數到幾號時中斷的「計數次數」**，會寫入初始值暫存器。

最後，等到CPU的指令解除，便會「重置（參考下頁）」使計時器開始中斷的**契機**。

由上述可知，**每次經過「主時脈週期」×「幾倍」×「計數次數」的時間**，「計時器區塊」便會對CPU的控制電路，發出**中斷訊號**。

計時器中斷的機制是，**除頻**※CPU 的標準時脈（主時脈），將週期從數奈秒（nanosecond）放大到數百奈秒左右，再以這個週期來往下數**下數計數器的值。**

※**除頻**是指降低頻率、改變週期。

設定程式的下數初始值（例如 100），經過一段時間，便能執行事先決定的程式。這就像一閃一閃的閃爍訊號燈，**每隔一定間隔即會反覆ON 與 OFF 的狀態。即使其他程式正在執行，下數計數器仍會繼續計數**（每隔一定週期遞減），發生中斷。如此一來，便能有效發揮CPU的功能。

另外，若想改變中斷的頻率，只需用CPU的指令變更「計數值」。例如，將計數值從「100」變為「50」，中斷的頻率即會變為兩倍。

最後，我來說明下圖「傳統CPU概念圖（參照P.106）」的計時器中斷吧。
「INT」是相對於計時器中斷區塊，由 CPU **發送指令**的訊號線。**「RESET（計時器重置）」**則是使計時器中斷**開始**的契機。

計時器一旦重置「啟動」（有效狀態），**計時器便不運作，呈現停止狀態。當計時器重置「解除」，計時器即開始動作，執行計時器中斷。**
也就是說，將「計數值」鎖存到下數計數器，可決定經過「多少倍」的主時脈遞減時（值變為 0），要發出中斷訊號。另外，值變為 0 的同時，「計數值」會再次鎖存到遞減計數器。重複這些動作，便能定期地中斷。

◆ 重置的動作

重置是指初始化程式，使內部電路回復初始狀態，例如在程式計數器的值變為 0 時，消去運算中的資料，即為重置。

電腦開啟時，會先執行重置。為了使電腦正常啟動（確實地從頭開始執行程式），重置初始化程式是不可缺少的步驟。

重置的步驟如下：首先，重置輸入需在「**低電壓（L）**」的狀態下**激活**（**有效狀態**）。因為電腦開啟電源後，需要一些時間電源電壓才會穩定。若在電壓不穩定的期間，CPU 便開始動作（程式開始執行），會產生運作問題。因此，在電壓穩定之前，必須使重置維持在有效狀態，防止 CPU 開始動作。也就是說，在電壓穩定之前，重置狀態能保護 CPU。等電壓穩定時，再提高重置輸入的電壓，解除重置的有效狀態。

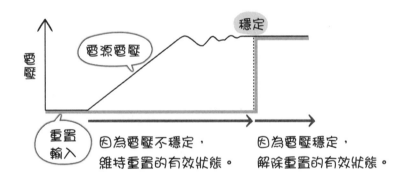

電源電壓與重置輸入的變化情形

若因為某些原因使 **CPU 發生非預期的啟動**，則需要手動強迫重置輸入的電壓，降到低於指定位準的程度（激活重置），藉此初始化程式。由此可知，重置是電腦正常運作不可或缺的功能。

◆ 判定 CPU 效能的指標（FLOPS 值）

判定CPU能力的指標有「**CPU的時脈速度**」和「**運算速度**」。這些指標可綜合判斷CPU的能力。時脈速度是指「**ALU運算的電路能夠進行得多快**」，而運算速度是指「**連續的運算能夠執行得多快**」。

傳統CPU的ALU區塊，是以整數來進行數值運算，故以**每秒能夠執行多少指令**的「**MIPS**（Million Instructions Per Second）值」指標，來判定CPU的能力。1 MIPS表示「一秒能夠執行一百萬次指令」。

當然，以前是以程式來執行帶有小數點的數值運算，但現在的CPU內建可執行浮點數運算的電路。因此，現在以**每秒能夠執行多少浮點數運算**的「**MFLOPS**（Million Floating point number Operations Per Second）」指標，來判定數值運算速度。1 MFLOPS表示「一秒能夠執行一百萬次浮點數運算」。

另外，比 MFLOPS 更大的單位是「**GFLOPS**」、「**TGLOPS**」。1 GFLOPS 是指一秒能夠執行十億次十五位數有效數字的浮點數運算。1 TFLOPS 是指一秒能夠執行一兆次十五位數有效數字的浮點運算。

⊕ FLOPS 值

判定 CPU 的能力！

討厭！
好害羞喔——

第 **4** 章

運算指令

啊……
阿悠來我的房間了……

進來吧。

打擾了。

那是什麼啊？
我在緊張什麼！我累到產生奇怪的幻想嗎？

咚！咚！

嗯。

妳的房間還真乾淨，我以為會很亂的……

我以為啊……

羅場的打掃計劃

你為什麼這麼失望？

哼……
可別小看我。

連房間都不會整理的人，
怎麼下好將棋呢？

精密的思考來自於
乾淨的房間，所以我……

媽媽！
姊姊帶男生回來！

真的嗎？
難怪她昨天徹夜
打掃！

我待會上去
看看！

這個房間隔音不好，有時會
聽到雜音，但能夠隨時保持
平靜心的人，才是真正的強
者！

啊……
妳辛苦了……

143

指令有很多種類

我今天要說的是「指令」。

之前有學過指令，就是這張圖。

指示某物
運算元
做某事
指令碼

（參照 P.110）

對。另外，指令其實是由 0 與 1 構成的**機器語言**（machine language）。

我能理解！

| 0 0 0 0 0 0 0 1 | 0 0 0 0 0 1 0 1 |

指令碼
（指令的總類）

運算元
運算的值或位址

※不同指令的長度（位元數）、運算元的數量會不同。

機器語言是電腦能夠理解的語言。

各種指令碼

與…做比較
保存到…
跳躍到…

嗯。

指令分為**許多種類**。

（參照 P.102）

沒錯！
指令可分類成
右表！

各種指令（機器語言）	
〈有關於運算的指令〉	〈非運算的指令〉
①算術運算指令	④資料傳輸指令
②邏輯運算指令	⑤輸入輸出指令
③移位運算指令	⑥分歧指令
	⑦條件判斷（比較指令等）

我依序說明吧。

哇，有這麼多啊？

有很多指令妳都學過了，不用擔心。

理解這些「指令」，即能瞭解 CPU 內部的運作。

原來如此……

請問到底有什麼指令呢？三秒內回答！

不要下達不講理的指令！

■ 算術運算、邏輯運算的指令

算術運算
- PLUS（加法）
- MINUS（減法）

邏輯運算
- AND（邏輯積）
- OR（邏輯加）
- NOT（反相）

（參照 P.15、P.51）

我先介紹這兩個。

妳知道
「①算術運算指令」和
「②邏輯運算指令」
的意思嗎？

PLUS 是「算術運算」；
AND 是「邏輯運算」⋯⋯

指令就是要CPU執行這些動作。

沒錯，為了深入瞭解指令的機制，必須剖析 ALU（算術邏輯單元）的內部運作⋯⋯

ALU

我們之後再談這個，現在先繼續介紹下去吧。
※參照 P.178。

移位是什麼？

接著是「③移位運算指令」。

根據我一流的英語能力可知，移位（**shift**）是「移動、改變位置」的意思……

妳說的沒錯。請看下圖。

邏輯右移（以二位元為例）

消去超出範圍的資料！

0 1 1 0 0 1 0 0

0 0 0 1 1 0 0 1

補 0

右移 2 bit！

哇！它們真的一起移動耶！好整齊！

這個操作由暫時記憶運算結果的**累積器**（參照 P.104）執行。

累積器有移位的功能。

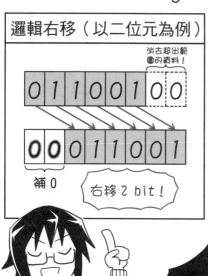

如圖所示，移位是「所有的位元（位數）向左或向右（上或下）一起移動」。

但是……移位可用來做什麼呢？

其實，它的用途有很多。

我舉個最容易理解的例子吧！利用移位運算，便可輕鬆做到**特定的除法、乘法**。

除法？乘法？什麼意思？

以**右移二位數**（二位元）為例。

其實右移二位元即是原數的（$1/4$）倍＝（2的二次方分之一）喔！

（二進數）

$$0\ 1\ 1\ 0\ 0\ 1\ \boxed{0\ 0} \cdots 100 \text{（十進數）}$$

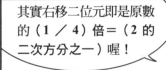

⬇ $1/4$ 倍

$$0\ 0\ 0\ 1\ 1\ 0\ 0\ 1 \cdots 25 \text{（十進數）}$$

右移 2 bit

<重點>
・**左移** N 位元，
　等於 2^N 倍的**乘法**。
・**右移** N 位元，
　等於 $1/2^N$ 倍的**除法**。

真是便利！
只有二進數的世界能做到這種特技。

可表示負數的正負號位元

 接下來，我繼續深入說明**移位**吧。
在這之前，妳必須先瞭解「**正負號位元**」。

 正負號位元是什麼？

 正負號位元是最高位元以「正（plus）＝ 0」、「負（minus）＝ 1」來表示。
如下圖，最高位是正負號位元，可表示正負；剩下的位數則表示數值。

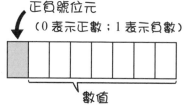

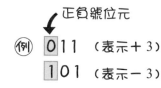

 嗯……「011」是「＋3」，可以用單純的二進數來理解……
但為什麼「101」是「－3」呢？我完全不懂。

 妳回想一下「**補數**」的概念（參照P.44的減法機制），以二進數表示**負值（minus）**，會用到**補數（二補數）表示法**吧！

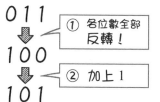

求補數的步驟：
①原數的**各位數全部反轉**
②將反轉的數**加1**

 啊！沒錯！
按照求補數的步驟去做，「3（011）」的**負值**的確是「－ 3（101）」，**最高位數變成正負號位元**，這是重點吧！

149

沒錯。一般來說，三位元可表示「0～7」的八個數值（參照 P. 39），而帶有正負號位元的三位元，則可表示「－4 到 3」的八個數值，請看下表：

數值	二補數
3	0 1 1
2	0 1 0
1	0 0 1
0	0 0 0
-1	1 1 1
-2	1 1 0
-3	1 0 1
-4	1 0 0

↑
正負號位元

> 帶有正負號的三位元數值對照表

嗯～這麼說來，「101」的二進數……
若有正負號位元（有正負號），可解釋為「－3」；
若沒有正負號位元（無正負號），可解釋為「5」。

雖然是同一個二進數，卻表示完全不同的數值……
好容易混淆！太不親切了！

人類的確沒辦法區別，但是，電腦有清楚的**區分機制**※，所以不用擔心喔！

※程式的運算結果有正負號變化，會出現**辨別正負號的旗標**（**flag**，參照 P.161）。利用程式監視的旗標，便可知道**有無不尋常的正負號變化**，然而，這項功能並非所有的 CPU 都有。若 CPU 沒有此功能，即須用程式來檢測有無正負號變化。

邏輯移位與算術移位

我終於要開始講移位了！

移位可以分成「**邏輯移位**」和「**算術移位**」。

這兩者的差異就是有無「正負號位元」。

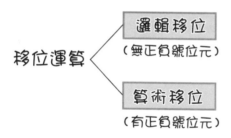

移位運算

邏輯移位
（無正負號位元）

算術移位
（有正負號位元）

邏輯移位無正負號位元；算術移位有正負號位元啊……

因為**邏輯**是「ON與OFF」這兩個值的世界，所以沒有負數的概念。

但是，**算術**是「一種計算」，必須有負數（正負號位元）的概念。

嗯！妳真聰明。

「邏輯移位」相當單純（參照P.147），而「算數移位」則有些複雜。

我來為妳說明吧。

請看下圖。進行「算術移位」時，若原數的「最高位元（正負號位元）」是「1」，前面要補1；若是「0」，前面要補0。
我們必須以下圖的方式思考正負號位元。

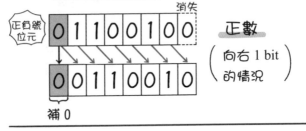

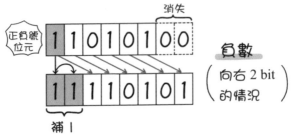

 「邏輯移位」只需補0，但「算術移位」必須注意正負號位元。

 還有更重要的概念喔，請看下頁圖。
將某個正值（正負號位元為0）左移……沒想到！數值位元的1竟會移到最高位。

 這真是……糟糕啊。
看起來跟負值（正負號位元為1）沒兩樣嘛。

 沒錯。本來左移是變成正數的2^N倍，現在正負號卻反轉，這就是「溢位（overflow）」。「Overflow」是水溢出來的意思。在這裡則是指，運算的結果超過此運算所處理的位數，而溢出來。

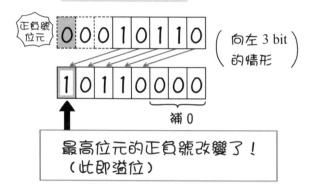

算術左移　　　※並非所有 CPU 都有這項功能。

正負號位元 `0 0 0 1 0 1 1 0`　（向左 3 bit 的情形）

`1 0 1 1 0 0 0 0`

補 0

最高位元的正負號改變了！
（此即溢位）

事態嚴重！哪裡出了錯啊？
我不能視而不見……這會使計算產生障礙吧。

對。溢位產生的時候，**狀態暫存器**（在 P.162 說明）會設置「**溢位旗標（溢位位元）**」，將運算結果產生溢位的情況，確實記憶下來。

累積器所發生的嚴重狀況，會確實記憶到別的暫存器啊，失誤無所遁形！

溢位和虧位

進行**浮點數運算**時，若運算結果超過演算法（計算方法）的規定範圍，便會產生**溢位**或**虧位**（underflow）。

舉例來說，若運算結果是無限接近 0 的「0.000000000000……1」，即會因為數值過小而**無法正確表示數值**。

這就是「**虧位**」（算術下溢）。

循環移位（迴轉移位）

 最後來講「**循環移位（circular shift，又稱 rotate shift，亦即迴轉移位）**」吧。Circular是「圓環」的意思；rotate是「迴轉、旋轉」的意思。

簡單地說，就是將累積器的位元列**兩端連接成圓環**，再使圓環旋轉。

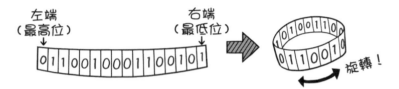

 好像將磁帶兩端相連，一圈一圈地旋轉。

 循環移位如下圖所示。
請注意右端（最低位）和左端（最高位）的連接。

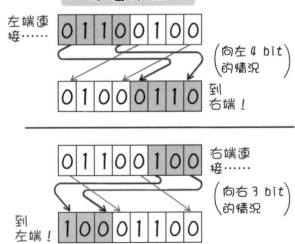

資料傳輸的指令

接著，我來介紹「運算以外的指令」吧。

求之不得！

首先是「④資料傳輸的指令」。這是和資料交換有關的指令。

啊！
這個我知道，
就是 CPU（暫存器）和記憶體之間的「**讀取**」、「**寫入**」指令。

讀取
寫入

CPU
（暫存器）　　記憶體
（參照 P.98）

A 暫存器　→　B 暫存器

對。
此外，還有 CPU 內部，**暫存器之間**的資料傳輸。

■ 輸入輸出的指令

接著是
「⑤輸入輸出指令」。

資料的輸入、輸出

I／O埠

CPU　　　　　　　外部裝置

這是使 CPU 和
外部裝置（例如輸入輸出裝置）交換※資料的指令。

嗯，資料的輸入、輸出
需透過I／O埠（輸入
輸出埠）。

（參照 P.100）

對，看來妳有
好好記住喔。

當然！
學過一次就不會忘記，這是
我的超群輸入能力……

我們趕快進入
下一個指令吧。

※資料的傳輸方式分為**串列傳輸**（serial transmission）和**並列
傳輸**（parallel transmission），參照 P.187。

接著是「⑥分歧指令」，亦即「跳躍到某位址」的「跳躍指令※」。

一躍而起！

跳躍！

跳躍位址！

數值跳躍
之前有出現過 （參照 P.113）……

就是跳躍到下一道應該執行指令（程式）的位址。

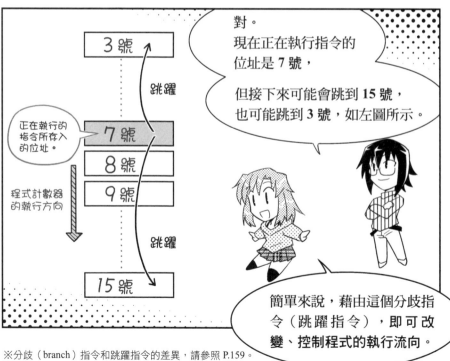

3號

跳躍

正在執行的指令所存入的位址。

7號

8號

9號

程式計數器的執行方向

跳躍

15號

對。
現在正在執行指令的位址是 **7** 號，

但接下來可能會跳到 **15** 號，也可能跳到 **3** 號，如左圖所示。

簡單來說，藉由這個分歧指令（跳躍指令），**即可改變、控制程式的執行流向**。

※分歧（branch）指令和跳躍指令的差異，請參照 P.159。

哇～
指令的一小步，
是電腦的一大步！

另外，分歧指令（跳躍）
又分為**無條件**的跳躍，以
及**有條件**的跳躍。

分歧指令
（jump） ＜ 無條件跳躍

有條件跳躍

※參照 P.163

原來如此！
世界上有**無條件跳躍**的海
豚，也有**給魚才跳躍**的海
豚啊。

這不是海豚。

這是
虎鯨

我瞭解了！

分歧指令、跳躍指令與跨越指令

 分歧指令包含**分歧（branch）**、**跳躍（jump）**與**跨越（skip）**，使用方式根據CPU廠商而有所差異，且這些單詞的使用方式沒有通用的定義，但是最近大多以下述方式來區分跳躍與分歧。

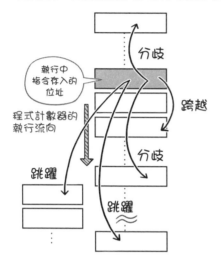

〈三者的差異〉

・分歧（Branch）指令
從現在執行的位址，往前或往後跳到相距不遠的位址。

・跳躍（Jump）指令
跳到較遠的位址。

・跨越（Skip）指令
馬上執行下一道指令，或是只跳過這道指令，不予執行。

 嘿！它們移動的距離都不相同，真有趣。

 控制程式執行流向的指令還有「STOP」、「SLEEP」等。

※ SLEEP，參照 P.192。

早期的 CPU，例如八位元的 Intel i8080、Zilog z80 等，這些輔助記憶碼（指令略稱，參照 P.165）並沒有分歧的概念。

另外，Texas Instruments（TI）公司一九七四年所開發的，構造同於迷你電腦的單晶片 CPU（TMS9900，一九七六年商品化的十六位元 CPU），對跳躍（Jump）指令的定義則是近距離的跳躍；分歧（Branch）是相對於暫存器的分歧。

最近搭載 Arduino 小型微電路板的 CPU（Atmel 的 ATMega 系列），則是將無條件變更執行位址的指令，稱為跳躍（Jump）指令；跨越（Skip）指令則是指與現在執行位址相對的分歧（Branch）指令。

條件判斷和狀態旗標

最後是「⑦條件判斷（比較指令等）」。

這個指令可用銀行ATM的比喻來理解。

運算結果為正　請收領現金

運算的結果為負　您的餘額不足

（參照 P.26）

啊——那個冷酷的審判！將「帳戶餘額」和「提領金額」兩數值做比較，運算結果左右著命運的那個啊……

沒錯。ATM 的 CPU 下達「比較兩筆資料大小」的指令，

再判斷是否符合條件。

資料A　資料B

資料 A 比較大嗎？

比較判斷！

CPU

嗚嗚嗚，無情的審判啊……

妳要記住……

判斷是否符合條件的「**狀態旗標**※」。

※又稱為**狀態位元**。

(例)5－3＝2

指令輸入 減法　　狀態輸出

正值

（參照 P.24）

狀態旗標啊……

「**狀態輸出**」是用來表示**運算結果的狀態**，例如正負值，這跟狀態旗標有關嗎？

有。將這個狀態記憶起來的，就是狀態旗標（status flag）。

旗標的 Flag 是「旗子」的意思，它以 **1** 或 **0** 來記憶某種**狀態**。

旗子立起！	旗子沒有立起……
設置（1）	重置（0）
(例)運算結果為負數 Minus！	運算結果為正數 Plus！

※**正負號旗標**（一種狀態旗標）設置於「運算結果是**負數**」的情況。

意指如果條件成立，便設置（1），使旗標立起。

狀態旗標有許多種類，皆具有不同的設立條件。若條件成立，旗標便立起（值變為 1）。

S
Sign

正負號旗標
運算結果為
負數的情況

C
Carry

進位旗標
運算結果
有進位的情況

※其他旗標請參照 P.190。

CPU 根據一個旗子或是數個旗子，來判斷是否符合條件呀。

CPU 根據一個旗標條件，或是數個組合條件來判斷。

狀態暫存器

| … | … | … | … | … | C | … | S |

各個位元皆記憶
不同的狀態

進位
旗標

正負號
旗標

（變為 1 或 0）

另外，將這些旗標（各為一位元）集結為八位元或十六位元的是「**狀態暫存器**」。

狀態暫存器會記憶各種狀態，就像勤勞的偵探！

這是什麼不搭調的比喻！

「分歧指令」和「條件判斷」的組合

 將剛才學到的「⑥分歧指令」和「⑦條件判斷」組合起來，即可產生非常有用的指令。

以「**Jump On Minus**」的指令為例，
當累積器的值變為「負數」，即會跳躍到位址，開始執行程式……
請看下圖。

 若滿足某條件，便會跳躍到指定的位址啊！
換言之，此指令能夠根據條件，來變更程式的執行順序。

 對。由這種組合，即能做出「**條件跳躍**」、「**條件跨越**」、「**條件分歧**」等指令，因此才得以實行下列的方便指令。

藉由條件跳躍而得以實行的事情。

①只要滿足條件，便執行**不同的程式**。
②根據條件，**不執行某程式**（跨越）。
③根據條件，**設置或重置輸出埠的位元**。
例如，可設置成滿足某條件，便使連接輸出埠的電燈閃爍。

 哇！
這對電腦和家電產品來說，都是必要的指令。
好重要！

163

② 運算元的種類

■ 運算元的數量

妳已經認識了各種指令。

接下來，開始學習運算元（operand）吧！

Operand……operation……手術？

你的 cosplay 打扮我就當作沒看到吧……

我被玩偵探 cosplay 的傢伙嫌棄了！

運算元就是身為運算對象的**數值**或**位址**。

指令碼　運算元

指令的種類　運算的數值或位址

也可以是特定的暫存器。
（參照 P.102）

順帶一提，**運算元的數量**會因指令而異。請看下頁圖。

指令碼　　運算元兩個
ADD　| a | b |

「將 a 和 b 相加」

這個例子有**兩個**運算元，而「ADD」是相加的意思嗎？

直接是英語的「add（加）」，很好記。

對。這是「助憶碼※」，是指令碼的簡稱（簡略記憶記號）。

我以兩個運算元的例子來介紹吧。

運算元通常是零個、一個或兩個。

※助憶碼（mnemonic）有「幫助記憶」的意思。

怎麼會有零個！這樣什麼命令都無法執行啊！

其實，沒有運算元的指令碼確實存在喔。

例如……
Accumulator set to 1
的指令碼！

Accumulator set to 1
將累積器的值（所有位元）都變成「1」的指令。

| 1 | 1 | 1 | 1 | 1 | 1 | 1 | 1 | 1 | 1 |

累積器　　啪———！！

哇！
真的耶，運算元是零個！

運算元的各種形式

接著，我們終於要直逼運算元的核心……

各種運算元

· 即值處理
· 位址參照
★ 定址法
（位址或運算元的指定方法）
①直接定址　　③間接定址
②相對定址　　④位址修改

妳看！
運算元有很多種類喔！

哇……這麼多！
尤其是「定址法」，
為什麼會有這麼多種啊！

不用慌張，我會按照順序說明。

來吧，
我們要徹底剖析運算元的精髓喔！

變裝！

根據我的推理……

看來你很喜歡那裝扮呢。

167

即值處理

首先是「**即值處理**」。
「**即值**」是指「馬上、直接使用的數值」，就是以運算元記述具體的數字。

原來如此！
以這個例子來說，就是「累積器的值加 **2**」。

$$\underset{\substack{\text{算術}\\(\text{Arithmetic})}}{\text{A}}\quad \underset{\text{移位}}{\text{Shift}}\quad \underset{\substack{\text{左}\\(\text{Left})}}{\text{L}}\quad \underset{\text{即值運算元}}{2}$$

沒錯，亦即「二位元的算術左移」。
順帶一提，即值運算元的運算，也可使用**算術運算、移位運算**之外的**邏輯運算**。

有具體的數字就簡單了，馬上可以記住即值的觀念！

位址參照

 位址參照是指，運算元即是位址（address）嗎？
例如 1 號、2 號⋯⋯

 對。位址參照指定內部※、外部的**記憶體位址**，使用該位址所保存的資料來運算。

※同於傳統 CPU 的「內部 RAM」（參照 P.106），
位址參照也能夠指定位址。

 嗯⋯⋯「外部記憶體 1 號位址的資料，與 2 號位址的資料相加，再將結果保存到 3 號位址」的情況，應使用何種指令呢？

 指令如下：

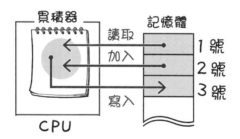

LDA Address 1 （從 1 號位址將資料讀進累積器）
ADD Address 2 （將 2 號位址的內容加到累積器）
STA Address 3 （將累積器的內容保存到 3 號位址）

 哇！計算一定會使用累積器呢。

 沒錯。**助憶碼**的英文也包含累積器（Accumulator）的「A」。
LDA 是「Load to Accumulator」的意思；**STA** 是「Store to Accumulator」的意思。

■ 定址法

我接著說明
「Addressing Mode」吧!

我喜歡和風
紫蘇梅醬。

對,
就是沙拉……

這不是調味醬!

Addressing Mode 是
位址的指定方法,
稱為「定址法」!

定址法有以下幾種。

嗯……

我不懂……直接以號碼
指定位址就可以了吧?

為什麼有這麼
多種類?

★ **定址法**

①直接定址　　②相對定址
③間接定址　　④位址修改

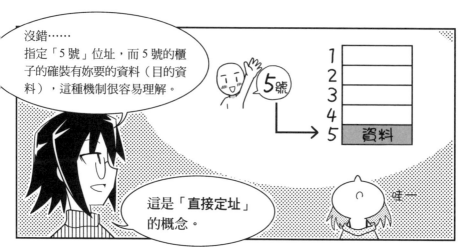

沒錯……
指定「5 號」位址，而 5 號的櫃子的確裝有妳要的資料（目的資料），這種機制很容易理解。

5號

這是「直接定址」的概念。

哇一

一般人最先想到的，就是這種機制！

有效位址

資料

目的資料（實際處理的資料）所保存的位址，稱為「有效位址（Effective Address）」。

以這個例子來說，5 號是有效位址嗎？

沒錯。

我繼續介紹其他方法吧。

是喔！

而「間接定址」可以先指定簡單的位址，使運算元的位元數比較短。

限制！

某指令碼 ···· 可用的定址法

另外，根據不同指令碼，能使用的定址法也會受到限制。

有這樣的事啊！

好厲害～

CPU 能夠執行複雜的程式，是多虧這些定址法。

天才程式設計師的我當然很熟悉各種定址法……**但這對妳來說，或許有些困難吧。**

不困難！我能馬上理解，你快說明！

好吧，我一口氣介紹所有的**定址法**喔。

〈定址法的介紹〉

①直接定址

運算元的數值直接是「**有效位址**（實際處理的資料保存地址）」，又稱作「**絕對定址**」。

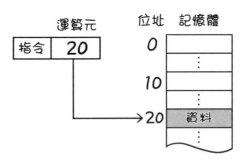

〈深入瞭解！〉
　　一個指令語言的長度，無法完全表示出CPU所管理的位址空間，所以有時會擴大運算元的位元數。十六位元的CPU基本上會將指令碼和運算元合起來，以 16 bit = 2 byte 來表示，但若**延長運算元**，即可使用 4 byte、8 byte 來表示。

②相對定址

把運算元和程式計數器的值相加,作為「有效位址」。

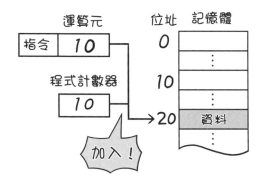

〈深入瞭解!〉

　　程式的分歧指令(jump)使用率很高。為了簡省程式空間,經常使用較少位元數的運算元,所以分歧指令假如使用絕對定址,基本上,**無法容納較大數值的有效位址**,因此較常用相對定址。

　　相對定址模式用以當作運算元基準的數值,是相對於**現在程式所執行的「程式計數器(PC)」數值**,再將這個 PC 值當作基準,計算相對於目前 PC 值的位址。

※ PC 讀取程式的指令碼後,會馬上指向**下一個要執行的指令碼保存地**。

　　另外,除了程式計數器的相對定址,也有相對於某些暫存器數值的相對定址,稱為「**○○暫存器相對定址**」。

③間接定址

運算元**指向某暫存器**，以此暫存器的數值為「有效位址」，並參照這筆資料。

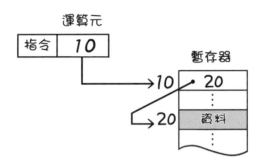

〈深入瞭解！〉

　　間接定址的思考方式有關於接下來要介紹的「**位址偏移**」，以及C語言系列的重要因素——陣列。

　　一般來說，CPU會以**最後的位址（執行位址）**為基準點，增加或刪減**某個偏移值**來產生新的位址。這個方法稱為「位址偏移」。

④位址偏移

這是利用**偏移暫存器**的值，改變有效位址的方法。將**基準位址**（保存基準值的暫存器數值、程式計數器的數值、立即運算元的數值等）**和偏移暫存器的數值相加**，得到「有效位址」。

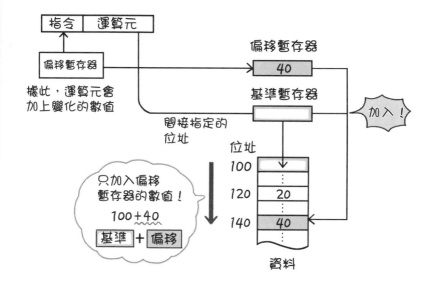

〈深入瞭解！〉

　　「**索引暫存器（index register）**」是具有代表性的偏移暫存器。

　　另外，保存基準值的暫存器稱為「**基底暫存器（base register）**」。

　　多數CPU的處理方式是，將基底暫存器的值，**加上偏移暫存器（索引暫存器）的值**，當作執行地址。

　　利用這個位址偏移方法，即能「**指定某資料組的第幾個號碼，取出其中資料**」，而基準值就是此資料組的第一筆資料位址。

③ ALU 的運算機制

接著,終於要進入
重點了!
令人期待已久的……

重頭戲即將來臨!

但我不期待啊。

妳的反應好冷淡,
喂!

回想一下,為了理解
「①算術運算指令」和
「②邏輯運算指令」
……

算術邏輯單元
ALU

要先知道 ALU
(算術邏輯單元)!
(參照 P.146)

對。這次以「74S181」
這個四位元單位 ALU
的 IC 為例。

這又稱作
位元片(bit slice)。

Texas Instruments
的 **74S181**

※ TI 公司開發的迷你電腦使用了四個 74S181,參照 P.159。
當時 74S181 已算是擁有高速運算能力的迷你電腦,大多使用於飛機的飛行模擬器,後來還開發出
功能簡化的 74S381。

嗯？一個 74S181 的 IC，便能同時做到「算術運算」和「邏輯運算」嗎？好像很厲害！

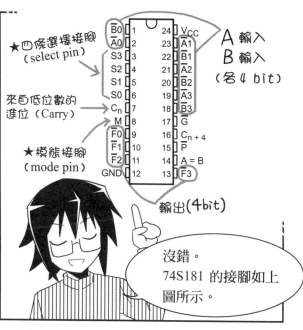

★四條選擇接腳（select pin）

來自低位數的進位（Carry）

★模態接腳（mode pin）

$\overline{B0}$	1	24	V_{CC}
$\overline{A0}$	2	23	$\overline{A1}$
S3	3	22	$\overline{B1}$
S2	4	21	$\overline{A2}$
S1	5	20	$\overline{B2}$
S0	6	19	$\overline{A3}$
C_n	7	18	$\overline{B3}$
M	8	17	G
$\overline{F0}$	9	16	C_{n+4}
$\overline{F1}$	10	15	P
$\overline{F2}$	11	14	A = B
GND	12	13	$\overline{F3}$

A 輸入 B 輸入（各 4 bit）

輸出（4bit）

沒錯。74S181 的接腳如上圖所示。

「模態接腳」可決定運算的種類（算術運算或邏輯運算）；四條「選擇接腳」可決定執行哪種運算。

原來如此！空調的「暖氣與冷氣」切換，就是因為有模態接腳。

最後我要介紹 74S181 的基本構造（電路圖）和動作表。

179

〈74S181 的基本構造（電路圖）〉

※摘自 Texas Instrument 公司的資料表

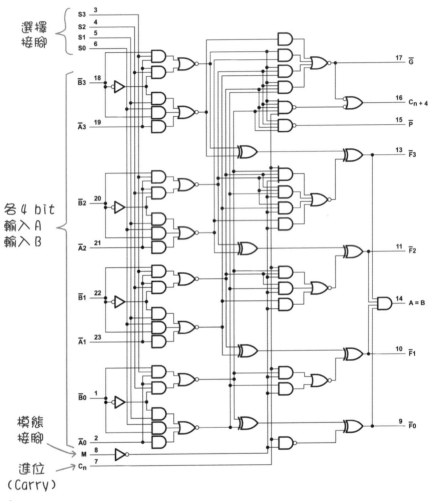

哇！確實有各 4 bit 的「**輸入 A、輸入 B**」，
以及四條**選擇接腳**「**$S_0 \sim S_3$**」、**模態接腳**「**M**」。

沒錯，而表示**進位**（**Carry**）的是「**C_n**」。

〈74S181 的動作表〉

SELECTION				M = H LOGIC FUNCTIONS	ACTIVE-HIGH DATA	
					M = L; ARITHMETIC OPERATIONS	
S3	S2	S1	S0		C_n = H (no carry)	C_n = L (with carry)
L	L	L	L	$F = \bar{A}$	$F = A$	$F = A$ PLUS 1
L	L	L	H	$F = \overline{A + B}$	$F = A + B$	$F = (A + B)$ PLUS 1
L	L	H	L	$F = \bar{A}B$	$F = A + \bar{B}$	$F = (A + \bar{B})$ PLUS 1
L	L	H	H	$F = 0$	$F = $ MINUS 1 (2's COMPL)	$F = $ ZERO
L	H	L	L	$F = \overline{AB}$	$F = A$ PLUS $A\bar{B}$	$F = A$ PLUS $A\bar{B}$ PLUS 1
L	H	L	H	$F = \bar{B}$	$F = (A + B)$ PLUS $A\bar{B}$	$F = (A + B)$ PLUS $A\bar{B}$ PLUS 1
L	H	H	L	$F = A \oplus B$	$F = A$ MINUS B MINUS 1	$F = A$ MINUS B
L	H	H	H	$F = A\bar{B}$	$F = A\bar{B}$ MINUS 1	$F = A\bar{B}$
H	L	L	L	$F = \bar{A} + B$	$F = A$ PLUS AB	$F = A$ PLUS AB PLUS 1
H	L	L	H	$F = \overline{A \oplus B}$	$F = A$ PLUS B	$F = A$ PLUS B PLUS 1
H	L	H	L	$F = B$	$F = (A + \bar{B})$ PLUS AB	$F = (A + \bar{B})$ PLUS AB PLUS 1
H	L	H	H	$F = AB$	$F = AB$ MINUS 1	$F = AB$
H	H	L	L	$F = 1$	$F = A$ PLUS A†	$F = A$ PLUS A PLUS 1
H	H	L	H	$F = A + \bar{B}$	$F = (A + B)$ PLUS A	$F = (A + B)$ PLUS A PLUS 1
H	H	H	L	$F = A + B$	$F = (A + \bar{B})$ PLUS A	$F = (A + \bar{B})$ PLUS A PLUS 1
H	H	H	H	$F = A$	$F = A$ MINUS 1	$F = A$

† Each bit is shifted to the next more significant position.

式子的記號請參閱P.55-59。

算術運算的「MINUS」是**減法**;「PLUS」是**加法**。

表中「＋」、「－」、「⊕」的記號是**邏輯運算符號**。

另外,電路設計完成時,會有重複、不必要的運算。

上圖的灰底部分是要注意的地方。

首先,**M**是**模態接腳**,若「**M ＝ H**」即為**邏輯運算**;

若「**M ＝ L**」則為**算術運算**。

算術運算根據有無進位(Carry),可區分成兩種:

「**C_n ＝ H**」是沒有進位的情形;「**C_n ＝ L**」是有進位的情形。

S是**四條選擇接腳**。

藉由四條接腳的組合(十六種),即可執行各種運算!

我來整理前頁動作表中，特別重要的「**運算碼（指令碼）**」吧。為了方便起見，先將十六種運算碼標上「**0～15**」的號碼，但實際的CPU未必有這些號碼。

邏輯運算		算術運算		
			沒有進位的情況	有進位的情況
0	F = $\overline{A}$	0	F = A	F = A PLUS 1
1	F = $\overline{A + B}$	1	F = A + B	F = (A+ B) PLUS 1
2	F = $\overline{A}B$	2	F = A + $\overline{B}$	F = (A + $\overline{B}$) PLUS 1
3	F = 0	3	F = MINUS 1 (2's COMPL)	F = ZERO
4	F = $\overline{AB}$	4	F = A PLUS A$\overline{B}$	F = A PLUS A$\overline{B}$ PLUS 1
5	F = $\overline{B}$	5	F = (A + B) PLUS A$\overline{B}$	F = (A + B) PLUS A$\overline{B}$ PLUS 1
6	F = A $\oplus$ B	6	F = A MINUS B MINUS 1	F = A MINUS B
7	F = A$\overline{B}$	7	F = A$\overline{B}$ MINUS 1	F = A $\overline{B}$
8	F = $\overline{A}$ + B	8	F = A PLUS AB	F = A PLUS AB PLUS 1
9	F = $\overline{A \oplus B}$	9	F = A PLUS B	F = A PLUS B PLUS 1
10	F = B	10	F = (A + $\overline{B}$) PLUS AB	F = (A + $\overline{B}$) PLUS AB PLUS 1
11	F = AB	11	F = AB MINUS 1	F = AB
12	F = 1	12	F = A PLUS A	F = A PLUS A PLUS 1
13	F = A + $\overline{B}$	13	F = (A + B) PLUS A	F = (A + B) PLUS A PLUS 1
14	F = A + B	14	F = (A + $\overline{B}$) PLUS A	F =(A + $\overline{B}$) PLUS A PLUS 1
15	F = A	15	F = A MINUS 1	F = A

※灰底的部分將在下面説明。

重要的算術運算指令

〈運算碼：6〉
沒有進位的情況・・・運算結果F是A減B，再減1的值。
有進位的情況・・・・運算結果F是A減B的值。

〈運算碼：9〉
沒有進位的情形・・・運算結果F是A加B的值。
有進位的情形・・・・A加上B，再加1的值。

〈運算碼：1〉···NOR（A, B）
運算結果F是A和B的各位元進行OR運算，再進行NOT運算，亦即A和B的各位元之間，進行NOR運算。

〈運算碼：3〉···ZERO
運算結果F與輸入無關，直接變為0。

〈運算碼：4〉···NAND（A, B）
運算結果F是A和B的各位元進行AND運算，再進行NOT運算，亦即A和B各位元之間，進行NAND運算。

〈運算碼：5〉···NOT（B）
運算結果F是B的NOT運算，亦即反轉B的所有位元。

〈運算碼：6〉···EXOR（A, B）
運算結果F是A和B的各位元，進行EXOR運算的結果。

〈運算碼：9〉···EXNOR（A, B）
運算結果F是A和B的各位元進行EXOR運算，再進行NOT運算。

〈運算碼：10〉···（B）
運算結果F是B本身。

〈運算碼：11〉···AND（A, B）
運算結果F是A和B的各位元進行AND運算。

〈運算碼：12〉···ONEs
運算結果F與輸入無關，所有位元直接變為1。

〈運算碼：14〉···OR（A, B）
運算結果F是A和B的各位元進行OR運算。

〈運算碼：15〉···（A）
運算結果F是A本身。

今天真的很謝謝你！
這就是之前暫放在我
這裡的……

打開！

掀開！

SS

嗯，
看來妳真的有
小心保管呢。

話說回來，這台電腦…
為什麼叫作SS（Shoot-
ing Star）？流星？

啊……
那確實有段故事！

這樣啊。

妳看一下氣氛啊！
這邊要追問啊！

會不會啊妳……

說來話長……

其實，我有很長一段時間，因為父親的工作，而在國外生活。

最近才回到日本……

你的幻想真的很有趣耶！

我瞭解一

這不是幻想！是真實故事！

真實故事啊……

不習慣國外生活，備感孤獨，思鄉心切……

一邊思念日本，一邊製作將棋遊戲程式，孤苦伶仃的少年。

令人潸然淚下啊！

哇——

那是什麼想像！妳才是喜歡幻想的人吧！

咚
咚

開

步美，向媽媽介紹客人吧♪

門！

……!!

等……
妳不要誤會,
這傢伙只是……

啊!你該不會是阿悠吧?
好久不見!

欠身

久疏問候。

我記得你一直
待在國外啊。

你和步美一起玩,已
經是十年前的事了,
真令人懷念!

那個…

奇怪?
這是怎麼回事?

補 充

◆ 串列傳輸與並列傳輸

資料（數位訊號）的傳輸方式有兩種：**串列傳輸**（Serial Transmission），以及**並列傳輸**（Parallel Transmission）。

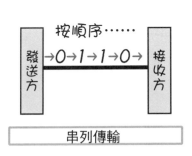
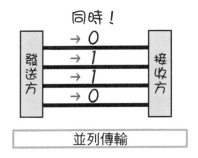

Serial是「串列」的意思，**一個位元一個位元的資料，按順序傳輸。**

Parallel則是「並列」的意思，**指一次傳輸好幾位元的資料。**順帶一提，USB（隨身碟、USB連接）是「Universal **Serial** Bus」的簡稱，屬於串列傳輸。

〈移位暫存器與並串轉換〉

有些設計邏輯電路的功能區塊，裝設了「**移位暫存器**」。移位暫存器沒有ALU內部的累積器功能，只是「**帶有移位功能的暫存器**」。

這個移位暫存器最常使用在，每隔一定時間，就會一邊右移**並列**（parellel）資料（以八位元為例），一邊讀取最右側的資料，使它**轉換**成**串列**（serial）傳輸的資料。

（這個串列傳輸的部分應看作CPU的功能，還是看作I／O的一部分，目前未有定論，但這種CPU與周邊的傳輸有關，記憶體以外的部分皆概括為「輸入輸出單元」，並非將CPU本身當作區塊。）

187

◆ 基本暫存器的整理

暫存器可用於很多情況，對CPU來說是不可或缺的。

下文將介紹各種基本暫存器的功能（有些不直接稱作暫存器）。

• 累積器

這是記憶ALU運算結果的暫存器，**可使運算結果馬上用在下一個運算**。

換言之，這是按照順序運算（尤其是加法）時，會將運算結果加入下一個數值的暫存器，所以「accumulator（累積）」是它的語源。

• 指令暫存器、指令解碼器

這是會將讀取自記憶體的程式碼（記述程式的機器語言）先暫時鎖存起來，再**翻譯這個指令碼**的暫存器。解碼器不只會翻譯「執行什麼運算」，也可解讀「何者為運算對象」。

順帶一提，因為只有ALU可解讀指令（以 74S181 為例，就是十六種算術運算指令，以及十六種邏輯運算指令），所以一般是由內部程式來控制ALU，組合這些指令，再一口氣執行。

• 狀態旗標（狀態暫存器）

CPU會根據運算結果，改變程式的步驟、控制輸入與輸出。此時，狀態旗標（一位元的標示）會成為判斷的基準。

狀態旗標本身只有一位元，而**會整合八個或十六個旗標**的則是狀態**暫存器**。

狀態旗標有很多種，請參考P.190。

• 偏移暫存器（基底暫存器、索引暫存器）

這是某些定址方法需要的暫存器。

「**基底暫存器**」的功能是，若指令所指定的運算元，需要根據某基準來設定，基底暫存器會**決定此基準值**。「**索引暫存器**」的功能是，若程式計數器要加上某個值，索引暫存器即會將這個特定**常數先保存起來**。

• 暫時暫存器（Temporary Register）

暫時暫存器在CPU執行其他作業的時候，**暫時記住資料，使資料的處理得以擱置**。

CPU的規格會決定幾個區塊可以使用幾個暫時暫存器。

本書未解說此種暫存器，但P.106 介紹的傳統CPU結構圖有出現。

⋯⋯⋯⋯⋯⋯⋯⋯⋯⋯⋯⋯⋯⋯⋯⋯⋯⋯⋯⋯⋯⋯⋯⋯⋯⋯⋯⋯⋯⋯⋯⋯⋯⋯⋯⋯

另外，以下兩者也可稱作暫存器。

如P.82 所示，**計數器**（具有計數功能）的構造也算是暫存器。

• 程式計數器（PC）

這是**記憶下一道執行指令位址（address）**的計數器（暫存器）。

不管是哪種CPU，都有程式計數器。

• 堆疊指標

這是堆疊功能（參照P.126）的必要元素，可**記憶最後操作堆疊的位址（address）**。

現在先進的 CPU 內部，
皆設置各種暫存器。

由暫存器的構造，
可知該 **CPU** 的特徵。

◆ 基本狀態旗標的整理

. . . .

CPU 具有根據運算結果，執行設置或重置的「**狀態旗標（狀態位元）**」。

CPU 在進行各種條件判斷時，會根據以下旗標的**一個條件或數個條件的組合**，來進行判斷，再依照判斷結果，執行程式分歧等動作。

• 零旗標（Z旗標）

零旗標表示累積器的運算結果為**零**，相當於運算器的**比較結果**（EQ旗標）。

• 符號旗標（S旗標）與負旗標（N旗標）

若累積器的內容為數字，可表示其值為**負值**。

• 進位旗標（C旗標）與溢位旗標（OV旗標）

表示算術加法運算結果的**進位**（carry）、**溢位**（overflow），亦設置於移位運算產生溢位的情況。算術減法運算若沒有**借位**（borrow），即不會設置。

• 借位旗標

表示運算減法產生了借位，雖然我們常以「進位旗標未設置」來代替借位旗標，但根據情況，有時亦會使用借位旗標。

• GT旗標

表示比較結果為「**較大**」的情況。Greater than（GT）是指「大於（超過…）」，表示為「＞」。

• LT旗標

表示比較結果為「**較小**」的情況。Less than（LT）是指「小於（不足…）」，表示為「＜」。

● ODD旗標

表示運算結果含有**奇數個 1**，Odd number（ODD）是指奇數。

● 中斷遮罩

可事先設定**是否受理中斷**。設置了中斷遮罩，便會禁止中途插入其他作業。

● 中斷旗標

表示**發生**中斷（interrupt）的旗標。以旗標表示，在禁止中斷的情況下，仍然發生了中斷。

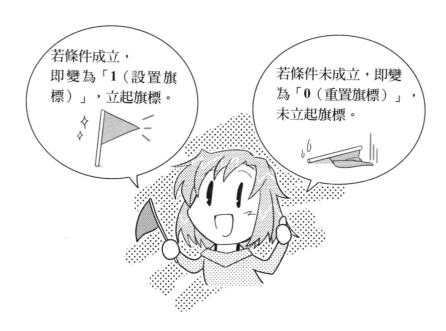

◆ 休眠指令

控制程式執行流向的指令，除了跳躍指令，還有「STOP」、「SLEEP」。使用「**休眠（SLEEP）指令**」，即能產生暫時的停止，在任何輸入（中斷）發生前，**不執行程式**。順帶一提，電腦系統本身也有這項功能。

CPU可藉由執行「休眠指令」，使動作時脈的週期變長、停止程式的執行，來**減緩動作、降低電力的消耗**。按下裝置的任一按鈕即可回復成一般的動作，使CPU啟動被中斷的程式。

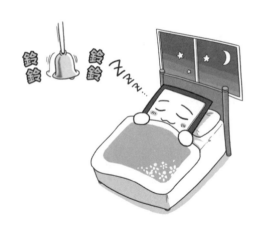

第5章

程式

組合語言是什麼？

其實妳早就知道什麼是程式了！

今天要學的是程式……

有嗎？
我真的是健忘的人？

舉例來說，右圖是使用**助憶碼**的命令……

LDA Address 1　　　　　　（參照 P.169）
從位址 1 讀取資料到累積器。

ADD Address 2
將位址 2 的內容加到累積器。

STA Address 3
將累積器的內容保存到位址 3。

這就是出色的程式（原始碼）喔。

※程式和原始碼的差異，
　參照 P.203。

啊！我知道！

程式的「作業指令書」……

指令
指令
指令

```
程式
（作業
指令書）
```

（參照 P.101）

即是**連續的**指令。

而用來寫程式的語言，稱為**程式語言**。

C 語言等　　使用助憶碼　　羅列 0 和 1

| 高階語言 | 組合語言 | 機器語言 |

人類
容易理解

CPU
容易理解

如上圖所示，程式語言有很多種，使用助憶碼的是「**組合語言**」。

嗯，「高階語言」、「組合語言」、「機器語言」……

雖然我不是很懂，但越高級越好！

像是高級車、高級飯店一樣！

不對，
這邊的高級，
不是那個意思。

高級是指「**人類容易理解，不需依賴 CPU**」的意思。

「組合語言」和
「高階語言」……

我來說明這兩者的特徵吧。

組合語言和高階語言的特徵

 我來講解CPU（機器）容易理解的「組合語言」，以及人類容易理解的「高階語言」。

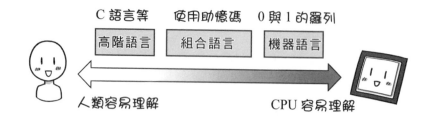

 嗯……「**機器語言**」是 **0** 與 **1** 的排列，所以只有CPU能夠理解，對人類來說，是無法理解的語言（參照P.144）。

而「**組合語言**」使用助憶碼，人類可以理解的部分比較多……例如「ADD（加上）」就是直接使用英文……

但是人類容易理解的「**高階語言**」是什麼？

 沒錯，人類可以理解某種程度的組合語言。

但是，妳能理解組合語言，是因為學了 **CPU** 的機制，已瞭解何謂「累積器（暫存器）」、「位址」、「指令的種類」！

其實，使用「高階語言」，就不用注意這些概念（暫存器、位址、指令）。

例如「**2 + 3**」的加法，高階語言即直接寫成「**a = 2 + 3**」！

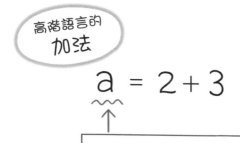

高階語言的
加法

$$a = 2 + 3$$

此為**變數**。
這個是加法的結果，會隨機保存，不需要逐一指定保存的地點（暫存器、記憶體的位址）。

 咦？
這和前面學的加法（參照P.105、P.169）完全不同！

使用「高階語言」便能直接寫下人類想做的事情，不必考慮 **CPU** 的機制！超級便利耶！非常「接近人類」的思考，好容易理解。

 看來妳已瞭解高階語言的美妙。
大型程式的開發※皆使用高階語言喔。（參照P.202）

另外，高階語言還有其他優點……

請看下圖。

以「高階語言」寫的程式，可以用於各種 **CPU**。

而以「組合語言」寫的程式，一旦 **CPU** 的種類改變，便無法繼續使用。

因為助憶碼直接反映了 CPU 固有的指令，難以通用於其他種類的CPU。

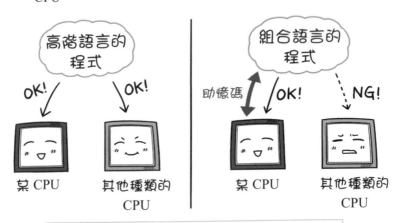

高階語言程式和組合語言程式的差異

嗯～

我知道了……高階語言好方便……

「組合語言」的優勢又是什麼呢？

既然高階語言那麼便利，我們沒必要特地學習CPU的機制和組合語言呀。

高階語言是最新技術，低階語言是可淘汰的舊技術吧……

不對！

在必須高速處理的情況下，**為了最大限度地運用 CPU，仍然需要「組合語言」**。

以助憶碼直接描述CPU固有指令的是組合語言。也就是說，**組合語言較容易轉換成機器語言，使CPU（機器）發揮最大效能。**

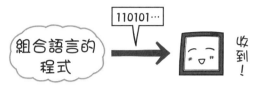

較容易轉換成機器語言！

而高階語言的程式必須經過**編譯**（compile，機器翻譯），才能轉換成CPU理解的機器語言。

人類容易理解的語言，經過適合的CPU（機器）翻譯，即能正確執行運算，但是相較於組合語言，**執行時間比較長**※，會浪費較多時間。因此，**使用高階語言不能完全發揮CPU的效能！**

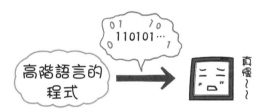

將高階語言翻譯成機器語言
會拉長作業時間……

※然而，最近的CPU已可高速執行，即便拉長作業時間，對使用環境（電腦）亦多不造成問題。

原來如此。
組合語言累贅的步驟較少，所以能最大限度地運用CPU！
組合語言是至今仍然非常活躍的語言。

大型程式的開發

電腦的試算表、文書、簡報等軟體，一般稱為「**應用程式**」。它們由多位程式設計師共同開發出來，堪稱大型程式。開發這些應用程式所使用的語言，稱為程式開發語言或程式設計高階語言，較為常見的有：C 語言的 C＋＋、C＃系列程式語言。

使用這種高階語言開發程式，不需要知道 CPU 的個別指令（機器語言程度），也不需要知道定址法。

以高階程式語言開發程式，會將基礎的**程式編譯（機器翻譯原始碼）、轉換成 CPU 可執行的機器語言（機器碼）**。這個轉換過程會自動最佳化定址法等項目，所以原始碼的開發者不需要注意 CPU 固有的命令組、定址法、各種暫存器的使用方法。

然而，寫小型裝置的程式，需利用**組合語言**（幾乎就是機器語言）。此時，若不熟悉 CPU 的工作原理、定址法，便無法開發正確的程式。

組合語言使用助憶碼來描述 CPU 固有的指令，經由組合的作業自動變換程式，使組合語言轉換成**二進制編碼的程式碼**，這就是把組合原始碼「組進（組合成）」CPU 的作業指令。

另外，Windows 等「**作業系統（OS）**」的開發，最近也開始使用 C 語言系列的高階語言。然而，**特別需要高速處理速度的部分，還是會使用組合語言來開發**。

※組合語言的程式設計為了盡可能提高運算速度，程式的一部分會導入特定的模擬程式。另外，若需利用非常小的微控器，有時不會使用 C 語言，反而會使用組合語言來執行程式。

程式和原始碼的差異

 我之前說過「**程式（原始碼）**」（參照P.196）吧！
「程式」和「原始碼」看起來很相似，但嚴格說來，它們的意思並不同。

 嗯～知道兩者的不同，感覺好酷啊！
快點教我吧！

 一般來說，「**程式**」是指使電腦運作的**一連串指令**，針對的是以原始碼、機器語言寫成的整體程式。

 另一方面，「**原始碼**」是指以人類製作、編輯的執行步驟，當作**基礎的程式架構**。
最近，一部分的原始碼能以AI技術（人工智慧）自動生成。

 我懂了。
程式是表示**整體作業指令**。
原始碼則是表示人類製作的資料（記述指令的文字列）。

 順帶一提，妳可以把「**原始程式（source program）**」和原始碼看成相同意思。

條件判斷和跳躍的功能

我們來介紹程式的基本知識吧。

複習一下目前學到的東西。

放馬過來！真是求之不得的報仇機會！

是複習！

首先，若只使用「運算（算術、邏輯、移位）」和「資料交換」的指令……

處理
↓
處理
↓
處理

只能寫成單線程式。

嗯，只是按照順序一股腦地處理作業。

但是，加入「條件判斷」和「分歧（jump）」的指令……

就能根據 CPU 的判斷，來變換應執行的作業，寫出複雜的程式！

處理
↓
條件 ── 分歧！
↓   ↓
處理   處理

（參照 P.113、P.163）

嗯！
這個我記得。

旗標立起！
設置

旗標未立起…
重置

（參照 P.161）

判斷是否符合條件，會利用「狀態暫存器」的旗標。

沒錯！
若有一個旗標條件，便可產生「1或0」這兩種分歧。

Yes?
No?

例如……
負數或正數、
Yes 或 No。

組合數個旗標條件……

便可產生
更多分歧。

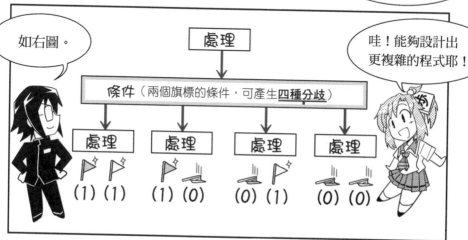

如右圖。

處理

條件（兩個旗標的條件，可產生<u>四種分歧</u>）

處理　　處理　　處理　　處理

(1) (1)　　(1) (0)　　(0) (1)　　(0) (0)

哇！能夠設計出更複雜的程式耶！

另外,運用「條件跳躍」......

符合條件的期間,迴圈會一直進行,重複相同的處理。

處理

條件 No

Yes

當條件不符合時,進入下一個!

重複執行的指令可以俐落地表示,如右圖!

這就是「迴圈處理」。

哇!真是便利。

不用重複下達同樣的指令。

以上就是程式最基本的思考方式。

只有這樣?

不,想要設計程式......

當然需要更多、更多的知識。

但是!

?

不論是多麼複雜的程式，不論使用哪種程式語言……

「條件判斷」、「分歧指令（jump）」都是非常重要的觀念，這點是不會變的！

「條件判斷、分歧指令（jump）」是程式設計的基本概念呀！

對。
請記住這點……

若妳想更加瞭解程式，可以閱讀大量相關書籍，悠游於原始碼的海洋！

沒錯！

天才程式設計師之道……

斷

言！

哇！
好激動！

不是一天……
就能……

嘩——哗

他過於激動而耗盡體力了嗎？

想要讓電腦做什麼事？

 今天我們學了程式……
希望妳先回想一下何謂「**資訊數位化**」（參照P.12）。

現在，音樂、照片、影像等資訊，都已轉變成電腦能夠計算處理的**數位資料**。

 啊……現在再回想這句話，才知道這真是一件了不起的事！
因為各種資料都能交由電腦處理，即可開發出很厲害的程式，具備更多功能！

 沒錯。
以前人們認為不可能的事情，現在都已逐漸實現。

例如，「臉部辨識」的裝置就是將**人臉**的各種特徵（兩眼的距離、嘴巴與鼻子的大小位置等）**數值化**，轉換成電腦能夠處理的資料。

人臉的資料經由程式數值化，即可讓電腦識別人類的臉。

 原來如此……電腦辨識人臉，雖然令我覺得有點恐怖，但對保全有所幫助，我還是很歡迎。

能夠開發出厲害的程式，好像很有趣呢。
我也想讓電腦幫我做一些事情，例如股票、賽馬的預測……寫出能夠自動賺錢的美妙程式……

 先不管妳個人的慾望……
「想讓電腦做什麼事情？」
「什麼程式既便利又能幫助人類？」
抱著這些問題，天馬行空地思索解答，是非常重要的。

謝謝你教我這麼多東西。

嗯，不用在意。

那個……話說回來……我媽跟我說了以前的事……

妳以前總是用將棋欺負阿悠……

阿悠太弱了，真無聊。

打

一擊

一點都不留情……

妳還對輸了在哭的阿悠說……

我的女兒怎麼會這麼冷酷呢～

我怎麼……

雖然說是以前的事，但我那時真的有點對不起你……

我那時太強了，
無法理解輸家
的心情。

但是，輸給
CPU後，我
瞭解了。

的確好像有過這
種事，但那是以
前的事了。

妳的母親連這麼
小的事情都記得
啊。
哈哈哈哈！

輸了……

真的很令人
不甘心……

步美……

阿悠……

你該不會是
……

因為輸得很慘又被
我弄哭，創傷很
深，所以才養成扭
曲的個性吧！

所以你才做將棋遊戲
來一雪前恥，變成陰
沉又彆扭的可憐孩子
……

這是因為我過於強大
而造成的悲劇！
真的很對不起！

妳是在向我道歉嗎？
還是想把我惹火？
還是可憐我？說清楚
呀！

總之……

雖然不甘心，但這次我的確輸了。

你應該不介意吧？

哼……

這樣就扯平了！

妳現在不是正在口出狂言霸凌我嗎！

我過去的霸凌一筆勾銷吧！你這個彆扭陰沉的少年！

算了，下次就是最後一堂課了。

下次妳幫我帶 SS 來。

SS……是什麼啊？

妳別故意忘記！

補 充

◆ 程式保存在哪裡？

小型裝置使用的微控器（參照第 6 章），**程式通常保存在 ROM**。

電腦 OS 更為基礎的部分會保存在 ROM，使用這個基礎部分會從周邊機器的硬體將 OS 讀入 RAM。另外，應用程式也是先保存在 RAM 才開始執行。

幾十年前的早期 CPU，曾開發出小型監視器程式，這是種超迷你 CPU，使用一行一行的組合語言來開發程式。今日，組合語言的開發也交由電腦代勞了。開發環境適用的各種 CPU 組合語言開發工具，是由 CPU 廠商所提供的。使用這個工具，在電腦上開發程式，接著利用連接電腦的 ROM 寫入器，將程式寫進 ROM，再將 ROM 裝入目標裝置即可。

你也可以利用最近的方法，將在電腦開發出來的程式，從電腦直接寫入裝置的非揮發性記憶體（參照 P.132）。如此一來，即使不用一一寫入 ROM，也可快速進行裝置的動作確認。

程式
保存在 ROM
（或是非揮發性記憶體）！

RAM 和 ROM 請參照 P.119。
非揮發性記憶體請參照 P.132。

◆ 程式在動作前的執行流向

假設程式設計成可以執行某個特定動作，並已寫入ROM（或非揮發性記憶體）。那麼，**開啟裝置電源後，CPU會如何動作？**

開啟電源後，一開始什麼也不會發生，因為在電源電壓到達規定的電壓之前，電腦可能無法正常執行運算（參照P.138的重置動作）。

為了不進行任何動作，CPU的**重置接腳（reset pin）**需設定為**重置激活（通常為L位準）**。此時，電子振盪器內建CPU的時脈產生器會開始振盪。

電子振盪器一般在CPU的電源電壓到達規定電壓之前，就會開始振盪。當CPU的電源電壓到達規定的電壓，也就是到達可**保證運算正常的電壓，CPU才會依照電腦的規格，經過一定的時間再解開重置狀態，接著準備讀取程式的第一行。**

解開重置狀態後，CPU最先執行的步驟是，讀取「**重置向量（Reset Vector）**」。重置向量寫在CPU所管理的位址空間，保存在重置向量的內容，**將當作「程式第一個指令的輸入位址」來執行。**

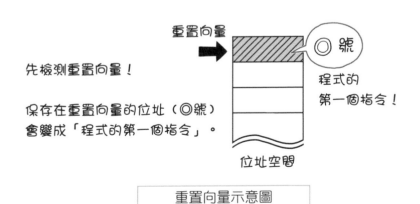

重置向量示意圖

在所有的中斷當中，重置的順位非常高，所以若是因為某些原因，使重置接腳激活，不論CPU當下在執行什麼動作，都會變成「**從初始狀態開始**」。

當電腦從重置向量指令的位址，開始執行程式，便會順著程式本身的執行流向，進行運算等資料處理。

順帶一提，CPU有各種中斷，根據中斷的種類，可決定要從哪個位址開始執行。而保存這些位址的是「**中斷向量表（Interrupt Vector Table）**」。

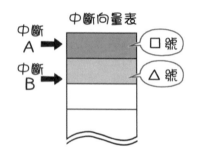

由中斷向量表可知：
「中斷A的時候，執行□號位址的指令」、「中斷B的時候，執行△號位址的指令」等。

中斷向量表示意圖

第 6 章

微控器

哈……
天氣真好！

嗯！

但是，沒想到家裡蹲的你，會要求在公園學習……

是離我家不遠啦……

在晴空下學習也不錯。

因為今天是最後一堂課呀。

今天的主題是「微控器（micro controller）」！

micro controller……「我的複雜情結」的簡稱？

my complex!

為什麼是情結啊？

■ 許多產品都有微控器

其實呢⋯⋯

微型　　控制器
micro　controller
（微小）　（控制裝置）

※マイコン也是「微型電腦」的簡稱。

日語的「マイコン」是「微型控制器（micro controller）」的簡稱，意指微小控制裝置。

嗯？
只看名字，我還是不太清楚。

控制器⋯⋯到底要控制什麼？

這和電腦的 CPU 不同嗎？

?

微控器

也有長方形微控器，請看 P.48。

不用慌張，妳先看這個。

微控器就是左圖的 IC。

微控器

記憶體
（ROM RAM）

+

CPU

+

I／O 控制

全部都在一個 IC 內！

微控器編入
「記憶體（ROM、RAM）」、
「CPU」、「I／O 控制」
三項功能！

所以，又稱為
「複合型控制器」。

整合了好多功能！

厲害吧！

這個微控器從程式的記
憶、運算執行，到輸入
輸出，都能處理。

多虧微控器，電子鍋才能預約時間煮飯……

煮飯、煮粥、煮溫泉蛋，做到很多事情。

嗯……

但是，電子鍋不能收發 E-mail、播放影片……

不，或許……

又來了！

沒有或許！

電子鍋不可能收發 E-mail！

不同用途的微控器，功能受到不同的限制。

功能受到限制！

比較便宜！

微控器

※也有**高性能**的微控器與**高價位**的微控器。

相對地，價格比電腦CPU 便宜。

順帶一提，
因為所有功能搭載
在一顆晶片上⋯⋯

one chip!

所以微控器又
稱為「單晶片
微控器」。

我瞭解微控器的
特徵了。

雖然是一個小晶片，
卻是可靠的「機器控
制裝置」。

和我複雜的情結
沒有任何關係！

破裂

哇——

當然沒有！

別以為世界是
以妳為中心運
轉的！

微控器的構造

接著來看「微控器的構造」吧。

妳可以對照CPU構造（參照 P.106）。

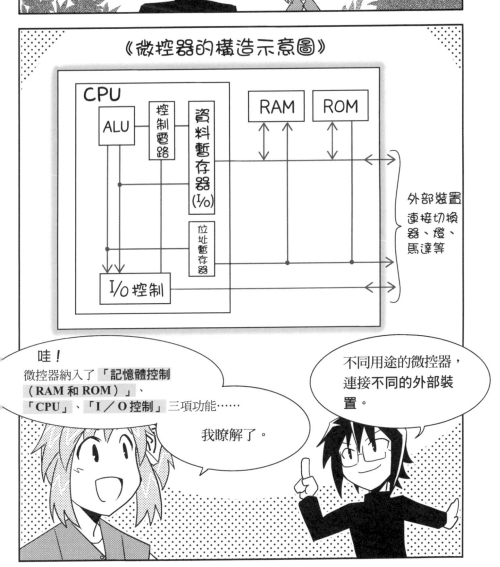

《微控器的構造示意圖》

CPU

ALU

控制電路

資料暫存器(I/o)

位址暫存器

I/o 控制

RAM

ROM

外部裝置
連接切換器、燈、馬達等

哇！
微控器納入了 「記憶體控制（RAM 和 ROM）」、「CPU」、「I／O 控制」 三項功能……
我瞭解了。

不同用途的微控器，連接不同的外部裝置。

追溯「微控器」一詞的歷史背景，可發現幾件有趣的事，此節要介紹微控器的過去。

以前的「**電子計算機**」是放在排球場大小的房間，**利用真空管構成，以ALU為中心的計算機系統**。

一九四〇年代正值第二次世界大戰，據說英國等國家為了解讀德軍的密碼，開發了大型電子計算機，但當時和現在不同，電子計算機的一切皆被視為軍事機密。所以，世界第一台電子計算機真的是美國一九四六年開發的ENIAC嗎？答案無從得知。

一九四七年電晶體問世，真空管式的電子計算機發展成半導體式的**電子計算機**。接著，一九五八年問世的**IC**，使電子計算機朝小型化發展。

然而，使用四個 74S181 的**十六位元迷你電腦**，直到一九七二年才出現。它除了輸入輸出單元，本體的大小約寬 60cm × 高 30cm × 長 45cm，能夠處理的位址空間為 16kW（kiloword＝以十六位元的資料為一個字來處理）……也就是今日所說的 32kByte（今日的SD記憶卡已有 32GB 的儲存空間，74S181 的記憶體，只有 SD 記憶卡的一百萬分之一）。

進入一九七〇年代後半，Intel 發表**將CPU功能收納於一顆IC的通用型「單晶片CPU」**，推動市場朝低價位發展。

以單晶片 CPU 為基礎，**使用機器語言寫程式的學習套件**（NEC、TK-80等套件）於一九七六年發售，開啟了對電子電路有興趣的業餘人士也能寫程式的時代。

隨著CPU的發展，CPU、記憶體、I／O控制等，皆能以一片A4大小的電路板來控制，發展出**單板控制器（One Board Controller）**。

　　不久後更出現了**單個IC的控制器（執行機器控制的裝置）**，英文為micro controller，又稱微型控制器，或微控器。這個控制器是將CPU必備的記憶體（ROM、RAM），以及CPU晶片，裝入同一個晶片，並且加入I／O埠，使**單個IC能夠做到程式的記憶、運算、輸入輸出的處理**。

　　雖然現在有擴大記憶體的需求，但是單板電腦至今仍有用處。而小型裝置仍使用一個IC搭載所有功能的「**單晶微控器**」，以民生機器、玩具為中心，支持著電子產業。

　　由此可知，單個IC的微控器可整合CPU功能、記憶體、I／O控制功能。此外，最近也有人將「微控器」和「CPU」當作同義詞。

DSP 是什麼？

 學完微控器，順便講一講「**DSP**」吧！

 DSP？
嗯……都來到尾聲了，怎麼又出現新的名詞呀。
這是什麼？

 DSP是像CPU一樣執行運算的**IC**，但它的**運算速度**比**CPU**快。

 DSP的核心是「**乘積累加運算電路**」，擅長同時處理「**乘法**」和
「**加法**」。

 可是，能夠同時快速地計算乘法和加法，是很厲害的事情嗎？對我
們有幫助嗎？

對。舉例來說，**處理聲音訊號（數位訊號）**時，必須同時執行多個**乘法和加法的運算**。

聲音……是指行動電話嗎？
類比訊號的聲音，要轉換成數位訊號，傳送出去，應該需要一些處理過程吧。

沒錯！以前的**行動電話**都裝有DSP。
而現在越來越多**聲音機器**的數位濾波器、**提升聲音效果**的運算，皆利用DSP。

沒想到DSP就在我們身邊！

今日，大型RAM已能夠組進單晶片，開發出**微控器等級的DSP**。

順帶一提，**DSP**是「Digital Signal Processor」的簡稱，因為和**聲音等數位訊號的處理**有關，因而得名。

Digital Signal Processor
數位訊號　　處理器

原來如此。
雖然DSP擅長的是**乘法和加法的同步處理**，但也和「**數位訊號的處理**」有關。

CPU固然重要，但**DSP**也很重要。
這個名詞我要好好記下來！

補 充

◆ DSP 和乘積累加運算

人們對數值運算速度的要求越來越高，尤其是乘除法的運算速度。但CPU的ALU**只能進行加減法的算術運算**。使用這種傳統ALU，只能以反覆的加法來做乘法，而除法只能以重複減法的方式來運算。

另一方面，隨著電腦科學應用技術的發展，人們變得更加需要乘法的高速運算，所以才使CPU發展朝著浮點數高速計算乘法的電子電路前進，造就了 **Digital Signal Processor＝DSP**。

為什麼稱為DSP呢？這是因為**聲音訊號的濾波處理需要FFT**（快速傅立葉轉換），而FFT能夠進行多個乘法和加法的同步運算。這個乘法和加法同步處理的電路，用來當作「乘積累加運算電路」的IC（或是相關部分），稱為DSP。

DSP問世不久後，**行動電話的數位通訊**便開始普及。將聲音訊號數位化，再經由濾波壓縮，以進行資料通訊，最後於收訊方轉換回原本的聲音資料，執行這個動作的是「**聲音編解碼器**」，它也是由DSP發展而來的。之後，將大型RAM收納於單一晶片，可高速處理聲音資料的IC，亦即**相當於微控器的DSP**世間了。

◆ 產業機器的應用

CPU、微控器、DSP 等，應用於生活周遭的各種裝置上，例如電子掛鐘、鬧鐘、手錶等，幾乎都有單晶微控器。我們每天使用的冰箱、冷氣、洗衣機等白色家電都裝有數個單晶微控器。附屬於這些機器的紅外線遙控器，按下按鍵便能對電視、冷氣傳達指令，當然也使用了微控器IC。

另外，工廠的自動化生產線機器人、自動搬運裝置等，不論是什麼形式，只要是需要「控制」的東西，一定都有微控器、CPU、DSP。

家電與工廠都應用了 CPU！

身為CPU功能區塊的IC，以及將CPU與I／O控制區塊收於單晶片的單晶片微控器，它們的規模與功能的編入範圍，便是決定於半導體製造技術、製造成本，以及市場價格之間的平衡。

然而，隨著IC製造技術的發展，近來已開始使用「FPGA（Field Programmable Gate Array）」的IC。（參照P.85）

FPGA是使用者可以自由設計邏輯電路，並將電路構成用於硬體的工具。它基本的使用方法是，先將數千到數萬個查找表裝入一個IC，再由IC廠商提供產品。

　　開發初期的IC具有記憶查找一覽表，以及連接一覽表的配線，但這些電線皆未接通。這個陽春的IC可裝入使用者所開發的邏輯構成，利用專門工具寫入配線設計，做出使用者所要的邏輯IC。此開發作業可以利用一般的電腦完成，也可用USB連接寫入專用的工具，**簡單地製作大型邏輯電路**。

　　過去，即使有FPGA，CPU的部分還是以單獨的IC來構成，但近年來，**FPGA也裝置了CPU功能**。裝置方法有兩種：一種是將與既存CPU共同運作的邏輯電路接線，利用開發工具，以及本體周邊的邏輯電路一起裝進FPGA；另一種是將特定CPU的功能與Gate Array，當作不同的硬體，裝進FPGA。

　　此外，雖然目前已開發了DSP，但我們還是需要執行乘積累加以外的一般控制功能。不論IC產業的邏輯電路怎麼發展，**根本的CPU基本知識還是很重要**。

尾聲

嗯？
什麼意思？

嗯……
妳所屬的將棋社，
不是有位到處散播
情報的學姊嗎？

她在社團的部落格，
上傳了將棋大賽的棋
譜，連個人資料也刊
登上去……

※為了保護隱私，臉
用馬賽克處理了！

這種馬賽克……
我完全猜
得到是誰啊！

我決定回國的時候，
突然覺得很懷念，
就用妳的名字搜尋。

沒想到馬上找到
了妳的情報。

最近全國大賽的
照片、將棋的走法
……等。

233

你為了復仇，
竟然收集我的情報……跟蹤狂！

這是數位化社會的弊病，
跨越國界的侵犯隱私！

誰是跟蹤狂啊！

我看到妳即使連勝，
仍然一臉無趣的照片。

看到那表情，
我……

想起過去自己輸得很慘的
陰影，所以決定研究桂城
步美的棋路，開發出打敗
我的程式！

**妳給我
差不多一點！**

總之，
這個還給你吧。

雖然輸得很不甘心，
但我學了很多。

不用還給我。

咦？

這台 SS 是針對
妳設計的。

妳留著好好利用吧。

妳把它當作消磨時間
的工具，繼續磨練棋
藝吧。

而且，
這台 SS 我本來就
打算送給妳。

嗯？

也就是說……

這是為了打敗我而，飽含偏執怨念的必殺武器……

也是給我的禮物……嗎？

可以那樣解釋啦。

妳就不用感謝我了，我還有好幾台電腦。

開發將棋程式對我來說，只是消磨時間啦。哈哈哈哈！

阿悠……

怎麼了？

妳有意見的話……

我好高興⋯⋯

謝謝你！

我會珍惜的！

咦！

臉紅！

你給我的東西，我就收下囉！

趕緊啟動看看吧！

掀

開

啊。

流星的
桌面……

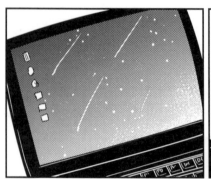

我想起來了……

我曾和要搬去遠方的
男孩,一起跑去偷看
流星,就在這座公園
……

真是的,
妳總算想起來了啊。

那個時候,我向
流星許願……

希望我能意外得到
一筆巨額遺產。

妳太貪心了吧!
為什麼在那種情境
下,許這種願望?

其他願望是指什麼？

因為那天有流星群嘛⋯⋯

我還許了很多願望！

我記得是⋯⋯

我最喜歡的阿悠明天就要搬去國外了，我好難過⋯⋯

若會這麼難過⋯⋯

我希望可以暫時忘掉阿悠。

想起

來了！

不、不重要啦！

咦！

你又許什麼願啊！

我那時……

希望我還能
再回來這裡……

跟步美
聊天……

當然是希望我的
將棋變強啊。

像你那樣拜託星星
和神明，當然不會
變強。

話說回來，我
是輸給 CPU，
但我可沒有輸
給你喔！

妳竟然可以巧妙地繞
回一開始的話題！

〈最近的 CPU 趨勢〉

　　本書已解說了傳統而原始的CPU基本構造。我所介紹的CPU，例如簡單的玩具、冷氣的遙控器按鍵，只用了非常簡單的微控器CPU。但科技的進步飛快，這些內容已經過時了。在科技日新月異的進步中，本書只講解基本概念，希望盡量幫助讀者打好基礎。

　　因此本書沒解說電腦架構，只解說CPU極基本的原理，這點還請讀者諒解。雖然如此，最後我還是稍微談及現今的CPU趨勢吧。

　　以本書所介紹的CPU簡易區塊示意圖，難以表示最新型CPU的複雜結構，所以我只會大概講解。

　　今日廣泛用於PC的CPU，花了很多功夫提升程式的執行速度。其中，指令的預取功能（prefetch）已行之有年。這個功能不是指執行完一道指令，才去取得下一道指令，而是在執行指令的同時，就取得來自記憶體的下一道指令，藉此縮短取得指令的時間。

　　以指令解讀（解碼）預取功能，來完成下一個運算的準備，以此方式讀取命令、解碼，便能連續縮短執行時間。

　　指令提取（instruction fetch）、指令解碼、運算執行、寫入記憶體、呼叫、寫入暫存器……讓各功能區塊記憶當下的狀態，再根據指令預取的程序，按照順序進行，這種同時並列執行的CPU動作，稱為管線式處理（pipeline）。

　　另外，不同指令的指令碼，會搭配不同運算元，這在過去的CPU研究就已經判明了。其中，使指令碼簡化的CPU稱為RISC（Reduced Instruction Set Computer），而帶有這個構造的處理器稱為RISC處理器。

雖然減少指令數，會使複雜運算的指令數量增加，但因為硬體構造的簡化，已使單個執行速度提升的區塊得以高速化，所以就結果來說，即使執行複雜運算仍可增加執行速度。因為這樣的優勢，RISC現在已使用在各種產品上。此外，相對於RISC的處理器，稱作CISC（Complex Instruction Set Computer）。

最近 Intel 的 CPU 晶片等皆為多核心 CPU，能夠根據程式的執行狀況，分散處理CPU的功能。這是和電腦構成有關的領域，超出本書所設定的說明範圍，所以我不詳細解說。

簡單來說，進行複雜的計算處理，未必都需按照順序運算，可以在不同的CPU同時處理幾個獨立的計算，使這些CPU可根據需要進行資料交換、相互執行運算，藉以提升計算速度。

運用這個多核心CPU的時候，指令執行的排程管理、記憶體存取等綜合性控制OS，這些不針對硬體的要求也很重要。

本書解說了單一CPU的基本構造，期望今後學界與業界對電腦的發展能有更進一步的研究。

索 引

二劃

三劃

四劃

五劃

六劃

七劃

國家圖書館出版品預行編目（CIP）資料

世界第一簡單 CPU / 澀谷道雄作 ; 衛宮紘譯. -- 初版.
-- 新北市 : 世茂, 2016.01
　　面 ;　　公分. --（科學視界 ; 189）

ISBN 978-986-92507-1-9（平裝）

1.微處理機

471.516　　　　　　　　　　　104025505

科學視界 189

世界第一簡單 CPU

作　　　者／澀谷道雄
審 訂 者／闕志達
譯　　　者／衛宮紘
主　　　編／簡玉芬
責任編輯／石文穎
出 版 者／世茂出版有限公司
地　　　址／（231）新北市新店區民生路 19 號 5 樓
電　　　話／（02）2218-3277
傳　　　真／（02）2218-3239（訂書專線）
　　　　　　（02）2218-7539
劃撥帳號／19911841
戶　　　名／世茂出版有限公司　單次郵購總金額未滿 500 元（含），請加 50 元掛號費
世茂官網／ www.coolbooks.com.tw
排版製版／辰皓國際出版製作有限公司
印　　　刷／世和彩色印刷股份有限公司
初版一刷／ 2016 年 1 月
　　二刷／ 2019 年 3 月

I S B N ／ 978-986-92507-1-9
定　　　價／ 320 元

Original Japanese language edition
Manga de Wakaru CPU
By Michio Shibuya
Illustration by Takashi Tonagi
Produced by Office sawa
Copyright ©2014 by Michio Shibuya, Takashi Tonagi and Office sawa
Published by Ohmsha, Ltd.
This Traditional Chinese Language edition co-published by Ohmsha, Ltd. and Shy Mau
Publishing Group (Shy Mau Publishing Company)
Copyright © 2016
All rights reserved.

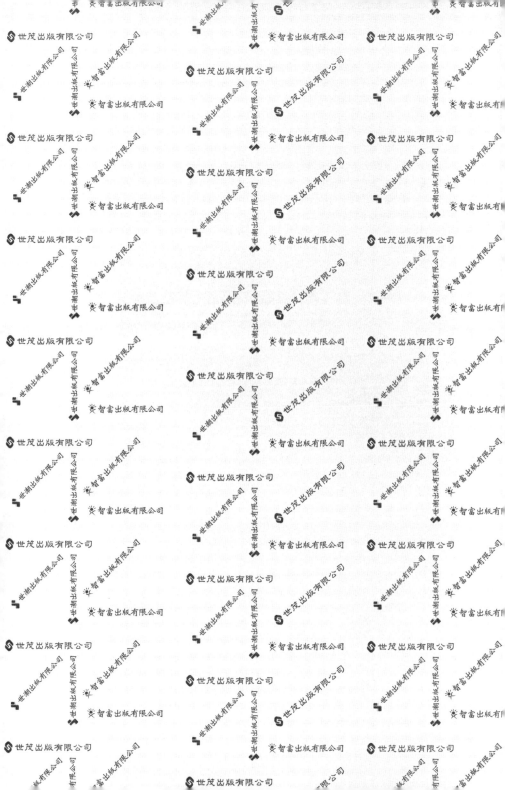